今こそ学ぼう地理の基本 防災編

長谷川直子・鈴木康弘 編

山川出版社

はじめに

2011年に起きた東日本大震災では，地震だけでなく，津波による被害，原発事故などの複数の災害が起こりました。日本では，その後も，火山が噴火したり，毎年のように大雨による水害が起こったりしています。これらの災害に，私たちはどう向き合えばよいのでしょうか？

2022年度から高校で地理が必履修化されました。その中に，「持続可能な地域づくりと私たち」が一つの柱として入ることになりました。日本と世界の自然災害をもとに，地域の自然環境の特徴と災害への備えを扱います。災害に向き合うためには災害のことをしっかり学ぶ必要があるということの表れだと思います。

では，なぜ地理の中で災害・防災を学ぶのでしょうか？

日本は災害大国といわれます。なぜ日本では毎年のようにどこかで水害が起こるのか。なぜ火山がたくさんあるのか。なぜ地震や津波が起こるのか。これらはすべて，世界の中で日本がどのような場所に位置しているのか，日本の中でも地域ごとにどのような自然環境にあるのか，を知ることで理解できます。地理は，それぞれの地域がどのような特徴をもっているのかを学ぶ科目です。災害の起こり方は，それぞれの場所特有の環境に大きく左右されます。大雨が降っても，起こる災害は場所によって違います。山の中では，流れる川の水が増え，大きな岩や土砂を巻き込みながら勢いよく流れ下るでしょう。海に近い河口では，川の水があふれると浅く水が広がり，長いこと水が引かなかったりするでしょう。一口に水害といっても，場所によって被害は異なるのです。

本書は，被災に備えて家具を固定しましょうとか，非常時に持ち出すべきものをバッグに詰めておきましょう，といった防災のハウツーを紹介するものではありません。地理で学ぶべき，それぞれの地域の特徴を理解して，どの場所でどのような災害リスクがあるかを学び，それにどのように対策をすればよいのかを考えるヒントを提供します。

現在の科学では，将来起こる災害を,「いつ，どこで，どれくらいの被害が起こるのか」といった形で正確に予測することはできません。ただ，それぞれの地域の特徴を理解し，どのような災害が起こりやすいのかを予測しておくことはできます。

この理解により，自治体では，それぞれの地域の環境に応じてどのような公共事業や対策をしておけばよいのかがわかりますし，個人レベルでは，どこに住むのか，外出先でどのようなことを想定しておけばよいのか，が理解できるようになるでしょう。これまでに起こった災害でも，それぞれの場所がどういう災害リスクをもつ場所なのかを理解していれば，防げた被害，救えた命があったかもしれません。このような知識は，社会のしくみをつくる立場の人から市井の一個人まで，あらゆる人が知っているべきものなのです。そしていざ災害が起こった時には，一人ひとりが自分の頭で判断して，対応する必要があるのです。その結果，少しでも被害を少なくすることにつながるでしょう。

残念ながら，これまで約30年，高校地理は選択科目でしたので学んでいない方も多くいることと思います。また地理の中で災害・防災を充分に取り上げてこなかった側面もあります。これから高校で地理を学ぶ高校生だけでなく，今まで地理を学んでこなかった方も，本書で災害・防災の地理を学び，それぞれが今いる場所の特徴と災害リスク・防災についてよりよく理解する助けとなることを，願っています。

編者　長谷川直子

今こそ学ぼう地理の基本 防災編【目次】

第2章　火山災害

第3章　水害と雪害

第4章　土砂災害

第5章　暴風や猛暑・突発的な大雨

第6章　地図を使って災害を理解する

※本文中に記載されている法令等については2023年５月現在のものです。

総　論

地理で学ぶ災害と防災

地理は地域の特徴を，自然環境から人間生活まであらゆる側面から学ぶ科目です。災害・防災をなぜ地理で学ぶのでしょうか。理由はいくつかありますが，災害の起こり方がその地域の特徴によって異なることがまず挙げられます。同じように雨が降っても，どのような場所でその雨が降ったのかによって，起こる災害は異なります。つまり，それぞれの場所の地域の特徴を理解していないと，そこで起こる災害を予想できないのです。

もう一つ，地理で災害を学ぶ重要な理由は，災害が自然環境と人間生活の両側面に関わる現象だからです。自然現象としての理解だけでなく，その場所で人間がどのように生活をしているのか，どのような建物を建てたり，どれくらいの人口がいるのか，などによって，同じ現象が起こっても，引き起こされる災害の結果は異なります。

日本ではさまざまな種類の災害が起こりますが，総論ではそれらの前提となる全体像を学んでいきましょう。

1 自然の恩恵とリスク

自然が豊かな日本に住む私たちは，春の花見，秋の紅葉狩りなど季節の移り変わりを愛で，峡谷や滝といった絶景をみて感嘆し，温泉に入って疲れをとります。このように私たちは日本の豊かな自然を享受して生活を営んでいます。

地球上の他の地域と比較すると，熱帯域は年中暑く，寒帯域は年中寒いのに対して，日本のような中緯度帯は四季の変化がはっきりしているため，季節の移り変わりを感じやすいのです。

一方で，「自然が豊か」には，自然の大きな変化が起きることも含まれます。

四季の変化がはっきりしているということは，夏は猛暑に，冬は寒波に見舞われる可能性があることを意味します。降水量の多い日本では，比較的温暖な気候もあり，コメを栽培することができます。一方，降水量が多いため時に水害が起こります。切り立った峡谷や斜面はいつか崩れる可能性があり，普段は水量の少ない穏やかな川も大雨の際には増水し洪水になる可能性があります。洪水時には山間部の河川は周りの土砂を巻き込んで土石流となり，大きな川の河口付近の平らな土地は一面水に浸かる可能性があります。温泉がいたるところにある日本は，火山の噴火とも隣り合わせです（**図 1**）。果樹栽培に適した扇状地は，過去に土石流が起こった場所でもあります。

このように私たちは，平時はさまざまな自然の恩恵を受けているのですが，自然は常に穏やかな状態である訳ではなく，時に牙を剥き，災害のリスクを伴っていることも認識する必要があります。

また，例え猛烈な雨が降ったり土砂崩れが起こっても，そこに人がいなければ，人が被害を受ける「災害」とはなりません。被害の程度は，人間活動の状況，自然とどう向き合っているのかによっても変わります。そこで本書では，これらの自然現象に対して被害を少なくするための対処方法についても解説していきます。

火山大国 日本

平時は温泉や地熱発電などの恩恵を享受
災害時には噴火のリスクがある

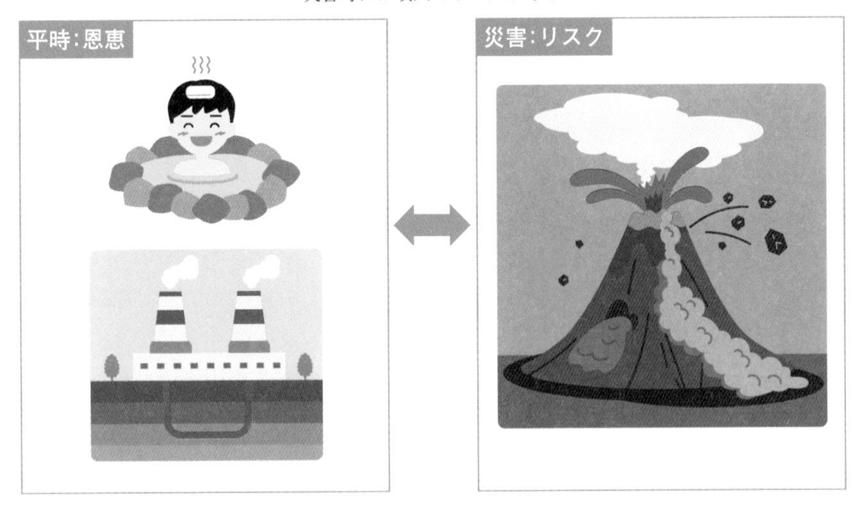

綺麗な水の川がたくさんある日本

平時は用水,舟運,魚獲り,川遊びなどの恩恵を享受
災害時には洪水,氾濫,土石流などの危険性がある

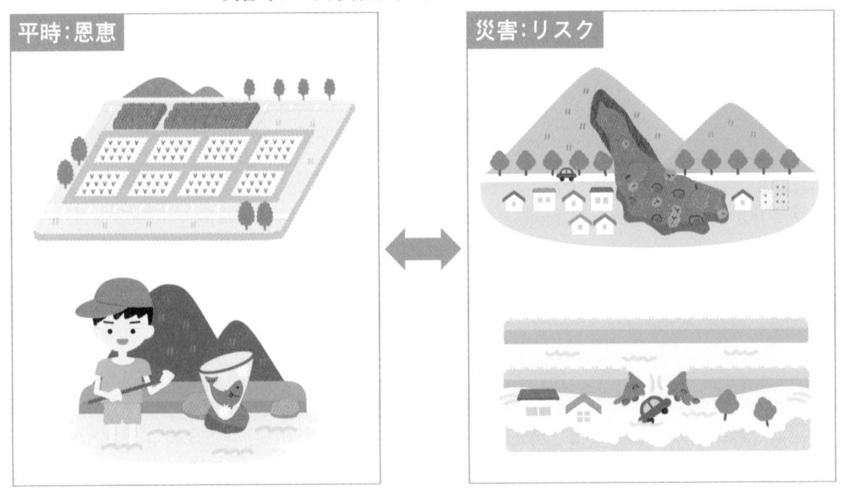

図1　自然の恩恵とリスクの一例

2 日本で自然災害が多い理由

日本は「災害大国」といわれます。それはなぜかというと，さまざまな理由によって，自然の変化が激しい場所に位置しているからです。

赤道直下の熱帯では年中暖かい，極域では年中寒いのに対して，中緯度に位置する日本は，四季の変化がある地域に属します。その上，日本は大陸の東端に位置しており，大陸と海の温まりやすさの違いにより，夏には南から暖かい湿った風が吹き，冬には大陸から冷たい北西風が吹いてくる場所にあるため，夏はますます暑く，冬はますます寒くなります。さらに夏には赤道近くで発達した低気圧が，南北の温度差によって引き起こされる大気大循環によって，日本などの中緯度地域に熱と水蒸気を運んできます。これが台風です。台風は膨大なエネルギーを持っているので，強風・大雨を伴い，時に大きな被害をもたらします。

そして日本は，プレートの境界に沿って細く長く位置している陸地です。そのため，プレート同士のぶつかり合いで生じる圧力によって，地震が頻繁(ひんぱん)に引き起こされます。またプレートが沈み込む時にマグマが生じ，プレート境界に沿って多くの火山が存在します。さらに，プレートの押す力によって陸地が隆起していることと，降水量が多いため，その陸地が常に雨で侵食されていることで，土砂崩れなどの土砂災害や川による侵食・運搬や堆積が頻繁に起こります。つまり日本は，猛暑・雪害などの気象災害，大雨洪水などの水害，土砂災害，地震，津波，火山噴火といったさまざまな種類の災害が起こりやすい場所なのです。

本書では，第１章から第５章で災害の種類ごとに解説していきます。各章とも，はじめに，比較的最近起こった典型的な災害事例をいくつか紹介します。次にその災害がなぜ起こるのかの解説をします。最後に，それらの災害にどのように対処すればよいのかを解説します。また６章では，各種災害の理解に役立つ情報として，さまざまな地図を紹介し，そこから読み取れることを解説していきます。

総論

地理で学ぶ災害の基本となる事項を解説

第１章～第５章

災害の種類ごとの解説

第１章～第５章の構成

1．典型的な最近の災害事例を解説
2．なぜそのような災害が起こるのか，どのような地域的特徴と関係しているのかを解説
3．それらの災害にどのように備えればよいのか？を解説

第６章

各種災害全体に共通して使えるツールとして，
地図を使った災害理解の解説

図１　日本で起こるさまざまな災害リスクと本書の構成

3 明るい未来のために防災を学ぼう

高校の地理で，災害や防災のことを詳しく学びましょう。その目的は，あなた自身が災害に惑わされず，明るい未来を信じられるようにするためです。近年，東日本大震災による大津波や原子力発電所の事故などが起きて日本社会は大混乱に陥り，皆さんも将来に不安を持っていることでしょう。

大きな災害が起きるたびに「未曾有（みぞう）（いまだかつて無い）」だというのは間違っています。そのことを知っただけでも，不安に苛（さいな）まれることがなくなります。地理で災害を学ぶのは，どこでどのような災害が起きやすいかということを知り，その理由を納得するためです。細かい科学的メカニズムよりも地域の特性を知りましょう。

地理では，地学などで学ぶのとは異なる災害・防災学習を心がけたいものです。災害はそこで人が暮らしているからこそ起こり，社会の状況によって災害の特徴も変わります。その意味でも社会科として学ぶことが大切です。

例えば私たち地理学者の中には，2011年の東日本大震災が起きた直後に，「869年の貞観（じょうがん）大地震の再来だ」と受け止めた人もいました。1995年の阪神・淡路大震災の際も，「神戸の六甲断層（活断層）が起こした地震だ」と直後に気づきました。過去にもこうした災害が起きていたことを知っていましたから，とくに慌てることもなく，「これからどうしようか」と冷静に考えました。未曾有の得体の知れない大災害が起きて地球が滅亡するかのように思うのと，起こるべくして起きてしまった，と受け止めるのとでは天と地ほどの差があります。

阪神・淡路大震災の際には，事前に活断層のことが知らされていませんでした。日本政府は当時，不安を煽るだけだから伝えるべきではないと考えていました。しかし被災者の 9 割以上が，「わかっていたなら教えて欲しかった」と新聞社のアンケートに答えました。これは日本政府の防災政策を変更する一つのきっかけになりました。

地理で災害を学ぶということは危険性を予め知るということです。平たくいえば，どこがどのような災害に対して危ないかを学ぶ。日本はなぜ諸外国と比べて自然災害が多いかを知る。そして被害を軽減させるためにどうしたらよいかを考える，ということです。

「危ない場所を公表したら地価が下がって風評被害を生むから問題だ」という人もいます。このことを皆さんはどう思いますか？　確かに問題はありますが，都合の悪いことは見て見ぬふりをするということで明るい未来はあるでしょうか？

さらに，今後の防災はどうしたらよいでしょう？「どうしようもない，来たら来たとき」という人もいます。「災害なんか予測すらできない」という人もいます。「防災を考えるより経済発展に努める方が大事だ」という人もいます。果たしてそうでしょうか？　地理歴史科，公民科などの知識を総動員して考えてみませんか？

「地理総合」は持続可能な社会づくりに貢献する科目とされ，2022年度から必履修科目になりました。その背景には，地球温暖化に代表される気候変動や，過度な都市化が進んだことによる自然災害の深刻化といった「地球の持続性」に対する不安が蔓延する中で，「未来を切り拓ける若者に育って欲しい」という願いがあります。

国や行政にばかり災害対策を期待して，「自助」（p.22参照）として何もしないというのではもちろんいけません。しかしながら「自助」は大事とだけ唱えるのではなく，「これまでなぜその大切さが軽視されたか」も含めて，社会の現状を厳しく評価し，これからのあり方を皆さん自身で考えてみてください。

学習指導要領にも，「よりよい社会の実現を視野にそこで見られる課題を主体的に追究，解決しようとする態度を養う」とあります。防災に必ずしも「正解」はありません。皆さんのふとした気づきが日本社会を救うことになるかもしれません。

4 「地理総合」「地理探究」と防災

「地理総合」では防災教育を，地図・GIS，国際理解・国際協力と並ぶ3本柱の一つとして重視しています。ここでいう防災教育とは，災害時の行動を学ぶというよりも災害そのものを理解し，災害に遭わないような住まい方やまちづくりを総合的に考えることを意図しています。

一方,「地理探究」は，A：「現代世界の系統地理的考察」，B：「現代世界の地誌的考察」，C：「現代世界におけるこれからの日本の国土像」，から構成され，一見，災害や防災は扱わないかのようにみえますが，そうではありません。なぜなら,「地理探究」における系統地理的考察と地誌的考察は，「持続可能な国土像の探究」を図る上での前提と位置付けられているためです。地理総合は気づきを与える科目であり，地理探究は自ら積極的にその問題を調べ，議論し，自分の言葉で発信できる能力を培う科目なのです。

持続可能な国土像の探究のためには，系統地理や地誌に基づく正確な知識がベースとなります。系統地理的考察において，自然環境(地形，気候，生態系)の空間的規則性や傾向を学ぶことによって，自分の住む地域の災害ハザードを自分で評価できるようになります。例えば"火山フロント"(p.72参照)を理解することによって，四国地方にも噴火災害の可能性があるのか，東北地方なら太平洋岸と日本海岸でどのように違うかを考えることができます。さらに，偏西風の原理を考えれば火山灰の季節ごとの影響の違いについても考察できます。その後で実際の火山ハザードマップをみれば納得感が高まり，さらにその問題点にも気づきます。

津波についても同様です。プレート境界の位置と津波ハザードの関係に注目すると，プレート境界があればその近隣の沿岸には必ず津波が予測されているだろうか？　といった探究が始まります。案外，予測されていない場所もあります。それはなぜかと考えてみましょう。また，地形の成り立ちに関する理解を深めてから地形分類図をみれば，津波は現在のハザードマップに示された範囲に留まるだろうか，もし想定を超え

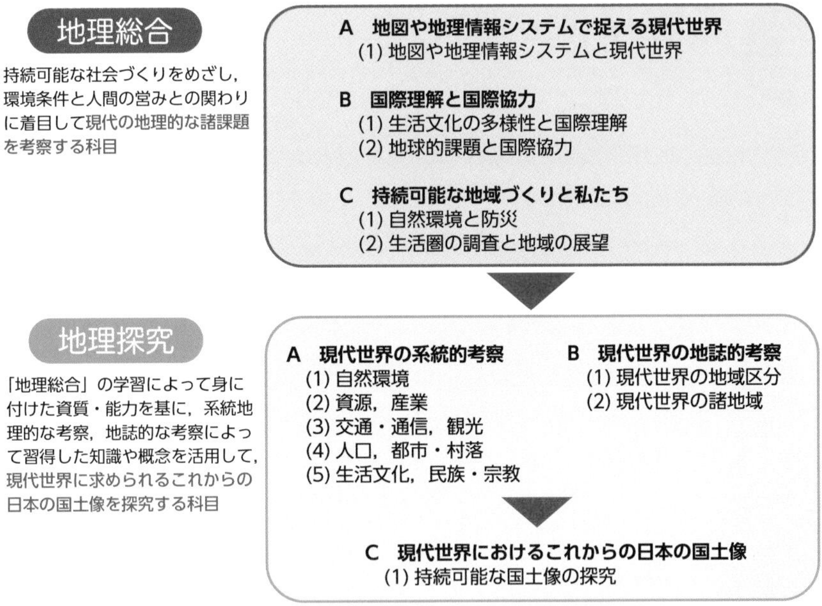

地理総合

持続可能な社会づくりをめざし，環境条件と人間の営みとの関わりに着目して現代の地理的な諸課題を考察する科目

A　地図や地理情報システムで捉える現代世界
(1) 地図や地理情報システムと現代世界

B　国際理解と国際協力
(1) 生活文化の多様性と国際理解
(2) 地球的課題と国際協力

C　持続可能な地域づくりと私たち
(1) 自然環境と防災
(2) 生活圏の調査と地域の展望

地理探究

「地理総合」の学習によって身に付けた資質・能力を基に，系統地理的な考察，地誌的な考察によって習得した知識や概念を活用して，現代世界に求められるこれからの日本の国土像を探究する科目

A　現代世界の系統的考察
(1) 自然環境
(2) 資源，産業
(3) 交通・通信，観光
(4) 人口，都市・村落
(5) 生活文化，民族・宗教

B　現代世界の地誌的考察
(1) 現代世界の地域区分
(2) 現代世界の諸地域

C　現代世界におけるこれからの日本の国土像
(1) 持続可能な国土像の探究

（学習指導要領および同解説書に基づいて筆者作成）

図1　地理総合と地理探究

たらどこまで浸水するだろうか，ということも考えられるようになります。

持続可能な国土像を考えるには，温暖化の影響も重要です。世界も視野に，近年どこでどのような種類の気象災害が増えているだろうか？　気候区分とどのような関係があるだろうか？　サンゴ礁や海流の変化など，温暖化による影響は海洋においてすでに深刻になっていることにも気づく必要があります。今後，自然環境の変化は私たちの生活にどのような影響を及ぼすでしょうか？

最近の生徒達はこうした視点を小学校から学んでいます。高等学校の「地理探究」は，小学校から12年間にわたる地理教育の集大成として，より正確な知識とGISなどのスキルをフル活用して，持続可能な社会づくりを探究し，今後の社会のあり方を構想する場にしなければなりません。

5 災害予測の難しさ

科学は一つの正しい答えをいつでも提示してくれるもの，と思われがちですが，そんなことはない，ということをまず知っておいたほうがよいでしょう。地震予知がよい例ですが，「30年以内に70%」といった形で，確率でしか表すことができません。例えば明日起きるか起きないかを答えることは難しいのです。

地震以外の自然災害でも同じことがいえます。ある火山が次にいつ噴火するかは，過去の噴火の履歴を調べて，その時間間隔から予測しています。それらの情報から噴火の間隔は「だいたいこれくらい」ということはできますが，その間隔より短い間隔で次の噴火が起こることもありえます。台風や大雨などの被害も同じです。近代的な気象観測が行われるようになったのはせいぜいこの100年くらいです。その過去の観測結果から，最大でこれくらいの被害が想定される，ということはできますが，もっと大きな被害が起こる可能性もあります。「観測史上最大」というのは，あくまでこの100年位の中で最大であったということに過ぎません。

それでは最大どれくらいの被害があり得るのか。これについても過去の災害の痕跡などから推定することはできますが，それが本当に最大かどうかについては誰も確信が持てないでしょう。科学は現在わかるさまざまな過去の痕跡や，現在得られているさまざまな知見を駆使して，可能性を予測することはできます。ただ，まだわかっていない事柄も存在する可能性がありますし，科学で予想できることにも限界があります。これを「科学の不確実性」や「科学の限界」といいます。

私たちは，そのような「科学の限界」を自覚した上で，自分たちの社会の中でどのように対応していくのかを考える必要があります。

不確実な現象に対して，社会がどのような対応をするのかについて，一部の科学者の考えに任せてよいのかという問題もあります。災害対策にはコストがかかります。災害以外にもいろいろな社会的課題がある中で，有限な資源（お金だけでなく，土地，人材などさまざまな資源を含みま

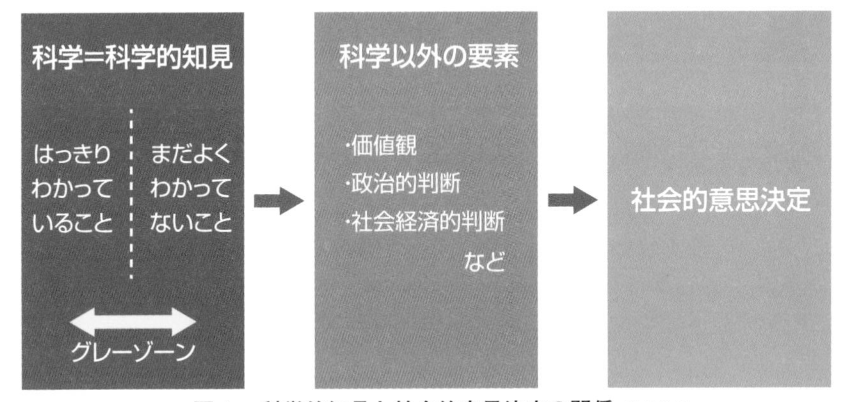

図１　科学的知見と社会的意思決定の関係（筆者作成）
科学的知見が社会的意思決定に直結するわけではないことに注意

す）をどこに使うのか，については社会を構成する皆で考える必要があります。例えば，2000年に１度の頻度で起こると考えられる洪水に対応した堤防をつくるという選択をするのか，そのような洪水被害が起こる可能性のある地域は遊水地として人間活動の制限地域にしてしまい，全く別の社会的課題に資金を使うという選択肢もあるでしょう。このような判断には価値判断や社会経済的判断，政治的判断が入るため，科学的に「洪水がどれくらいの頻度で起こるのか」という問題だけではなくなっています（**図１**）。

イギリスではBSE（狂牛病）問題以降，日本では福島第一原発事故以降，市民から，科学や科学者への不信感が持たれることになり，またさまざまな社会の中での意思決定を科学者だけには任せられないという意見が大きくなりました。社会的に大きな判断を，特定分野の専門家に任せるのではなく，住民の合意で決めていくべき，という考え方です。このような科学だけでは答えを出せない問題をトランス・サイエンス問題といいます。

災害は住民一人ひとりが平時また災害発生時にどのように行動するかによってその結果が大きく変わります。そういう意味では，行政と住民とがそれぞれ地域に対する理解をもち，「科学の限界」も理解した上で，住民の立場として積極的に政策や自治に関わることが必要になります。

6 ハザードマップで災害を知ろう

ハザードとは，一般に「損失を引き起こす事故（天変地異）の潜在力（ポテンシャル）」や「事故の脅威」などと訳されます。そのため，地震災害を引き起こす地震動や，水害の原因となる洪水はハザードといえます（鈴木康弘『防災・減災につなげるハザードマップの活かし方』岩波書店）。一方で，リスクとは，損失を想定した「社会に対する危険」のことです。つまり，その場に人間がいなくてもハザード（地震や洪水）は起こりますが，リスクは，人間がハザードによる損失を受けたり，またはその可能性がある場合にはじめて生じるという違いがあります。

災害の危険性を把握し，災害を軽減することを目的とした地図は，さまざまな種類のものがあります。これらを，**表 1** のように四つの段階で整理してみましょう。

Aは，自然の営み，土地の成り立ちを理解するための地図です。このような地図としては，地表の細かい地形を，その形態と成因に着目して分類した地図（地形分類図：第 6 章で詳述）や，過去の災害の発生状況を示した地図があります。

Bの地図としては，**A**の情報を踏まえて，災害の発生のしやすさを，危険度や確率の形で示した地図があげられます。例えば，土砂災害の危険地域を示した地図や，一定期間内にどの程度の確率で大きな地震動に襲われるかを示した地図（地震動予測地図：第 6 章で詳述）などです。

Cの地図は，将来発生する可能性のある現象を具体的に想定して，そのときにどのような災害が発生するかを示した地図です。河川の洪水発生箇所を想定してどの程度の浸水深が予測されるかを示した浸水想定区域図や，特定の地震による津波の発生を想定してどのくらいの高さの津波に襲われるかを示した津波予測図などがあてはまります。このような地図は，一定の想定に基づいているものであり，実際に起こる災害は想定通りにならないことに注意が必要です。

Dの地図は，**A**～**C**の何らかの情報をもとに，避難や復旧に必要な情

表１　災害に関する地図の４類型

型	内容
A	災害の発生に関わる自然の営み，土地の成り立ちを示した地図 地形分類図など
B	災害の発生のしやすさを判定して示した地図 土砂災害危険箇所マップ，地震動予測地図
C	一定の想定に基づいて災害を予測した地図 浸水想定区域図，津波予測図
D	災害発生後，住民や行政，企業などが避難，救援，二次災害防止，復旧，復興などの活動を円滑に行うために必要な情報を示した地図

（鈴木康弘『防災･減災につなげるハザードマップの活かし方』岩波書店をもとに筆者改変）

報を重ね合わせ，行政や住民が災害発生時にどのような活動をとるかの判断を行うための地図です。また，災害発生後に，災害の状況を示し，救援や救助，復旧や復興の活動のもとにする地図も，この種類の地図といってよいかもしれません。市町村が防災マップ，ハザードマップとして住民に配布しているのはこのような地図です。これらＡ～Ｄの地図をすべてハザードマップと呼ぶ考え方もありますが，本書では，主にＤの地図，すなわち，一定の想定のもとに災害発生を予測して，災害対策に必要な情報を重ね合わせた地図を「ハザードマップ」と呼ぶことにします。

ハザードマップは，災害の歴史とともに発展してきたともいえます。1998年に福島県郡山市で起きた水害で，市が配布していたハザードマップをみた住民は，みなかった住民よりも早く避難を始めたことがその後のアンケート調査によって明らかになりました。2000年の東海豪雨を機に，国や都道府県管轄の河川について市町村が洪水ハザードマップを整備することが義務化されました。また，土砂災害，津波，火山などのハザードマップの整備も義務化されています。その結果，現在では98％の市町村で洪水ハザードマップが整備されるまでに至っています（令和４年度『防災白書』による）。最近では，天気予報で大雨が予測される場合にはハザードマップをあらかじめ確認するよう伝えられたり，不動産取引の際に，ハザードマップで災害が予測されている場所であるかどうかを告知することが義務づけられるなど，ハザードマップは私たちの生活に身近なものになってきています。

7 身近なハザードマップをみてみよう

自分の家，学校や職場など普段生活する場所周辺のハザードマップをみたことがあるでしょうか？　ハザードマップは自治体ごとに作成されていますので，役場へ行くと紙媒体のハザードマップを入手することができます。それが面倒な場合でも，インターネットにつなぐことができれば，ネットで公開されているハザードマップを簡単にみることができます。パソコンでもスマートフォンでもみることができます。

「ハザードマップポータルサイト」をインターネットで検索してみてください(**図 1**)。そのなかの「わがまちハザードマップ」で自分の興味のある市町村を選択すると，ウェブ上でみられるハザードマップのリンクが表示されます。ハザードマップには災害の種類によって洪水，土砂災害，火山などさまざまな種類があります。自治体ごとに，その地域の特徴に応じて，想定される災害のマップが整備されています。PDFで公開されているハザードマップがあれば，リンクをクリックすると紙媒体と同様のハザードマップを表示することができます。まずは自分に関連する自治体でどのようなハザードマップが公開されているのか，そのハザードマップではどのような表示になっているのかを確認しておくとよいでしょう。

図 1 の「重ねるハザードマップ」は，異なる種類の災害ハザードマップを同じ画面で重ねて表示することができます(**図 2**)。通常のハザードマップは災害種類ごとに別々の地図になっていますが，複数のものを重ねてみることで，そのエリアのどこにどのような災害が起こる可能性があるのかを網羅的に知ることができます。

実際に災害が発生すると停電することもあり，その場合はインターネットにつなぐことができなくなります。平時に確認し，被害を頭の中で予想し，家族などと話し合っておくことが重要です。

図１　ハザードマップポータルサイト(PC表示画面)

図２　重ねるハザードマップの例

左上のボタンで災害種を選ぶことができ，例では土砂災害と高潮を示しています。洪水を選択すると，p.17 図 1 のような浸水エリアがさらに塗り重なります。

8 ハザードマップの留意点

ハザードマップは,「ある想定」に基づいた予測図である, ということに注意する必要があります。ここでは水害のハザードマップを例に解説します。

図1に示したのは, 東京都文京区の水害ハザードマップです。その左上に, 解説が書かれており, その部分を拡大したのが**図2**になります。

この説明文はどういう意味を持つのでしょうか？

ここには「想定しうる最大規模の降雨を基にシミュレーションを行っています」と書かれています。その想定は過去に起こった降雨を参考にして決められていますが, 過去といっても降水量に関してはこの100年位の観測データしかないため, それ以前にどのような降水量でどのような水害があったかは正確にはわかりません。一般的に, 災害の規模が大きくなればなるほど(降水量の場合には降水量が多くなればなるほど)その発生は低頻度となります。つまり, 長期間でみた方が, 大きな災害が発生する可能性が高くなります。通常,「想定しうる最大規模の降雨」は, 過去の観測データから1000年に1度程度の降雨を推定して求められていますが, 過去100年間の雨の降り方がそのまま1000年間続いてきたとは限らず, 今後, それ以上の規模の降雨が起きないとも限りません。また, 雨が降るたびにハザードマップと同じ想定の雨が降るわけではなく, それより少ない降水量だけれど水害が起こるケースも考えられます。

また, 例え同じ雨量の雨が降ったとしても, 数日にわたりだらだらと降った場合, 数時間に集中して大量に降った場合(この場合には地面にしみ込めなかった雨が大量に地表面を流れると予想できます), 川の流域全体で降った場合, 川の流域の一部で降った場合などで, 被害のあらわれ方は変わります。

もう一つ気をつけなければいけないことは, このような「ある想定」が河川ごとに行われているということです。自治体によっては河川ごとに複数の水害ハザードマップを配布していることもあり, その場合, 一つ

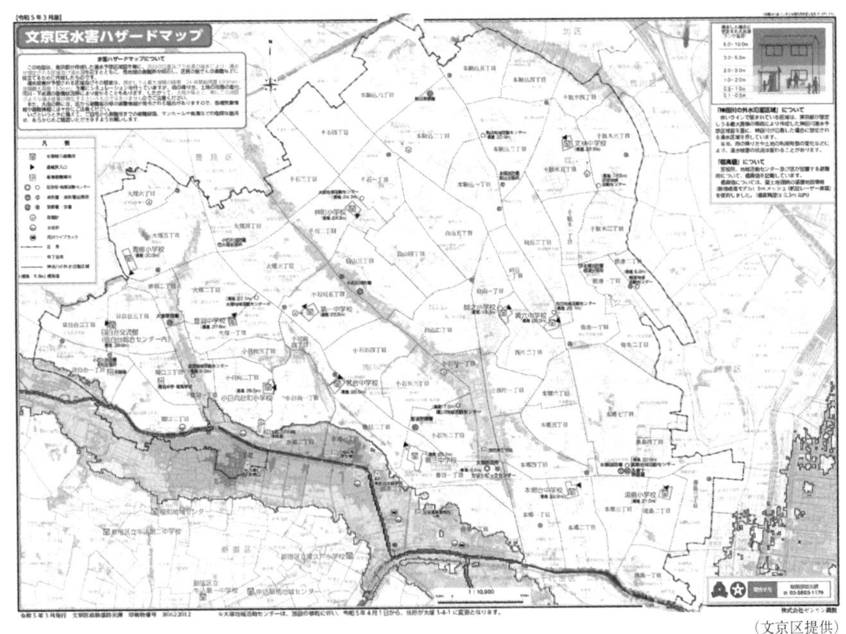

（文京区提供）

図１　文京区水害ハザードマップ（令和５年３月版）

浸水被害が予想される区域及びその程度は，想定しうる最大規模の降雨（24時間総雨量690㎜・時間最大雨量153㎜）を基にシミュレーションを行っていますが，雨の降り方，土地の形態の変化，河川・下水道の整備状況等により変わることもあります。したがって，大雨が降ると，常にこの地図のような浸水被害が発生するというものではありませんのでご注意ください。

図２　文京区水害ハザードマップ解説部分（抜粋）

の河川のハザードマップだけをみて危険性を判断すると，背後の別の河川からの洪水の不意打ちをくらうということもあり得ます。

つまり，作成されているハザードマップはあくまで，「ある想定」に基づく一つの予想であり，実際にはその想定通りの状況が発生するとは限らないので，被害予測もあくまで目安として考えるものであることに留意する必要があります。これは水害に限らず，あらゆる災害種のハザードマップで共通事項です。ハザードマップを確認する時はその想定もいっしょに確認しましょう。

9 ハザードマップを補う地理院地図

それでは，自治体がハザードマップを作成していない，あるいは作成していたとしてもその想定と異なる条件での被害予測については，どうしたらよいのでしょうか？　ハザードの中でも，水害のハザードマップは比較的わかりやすく推測することができます。それは，水は必ず低い方に流れるという性質を持つため，土地の高さの情報がわかれば，降った雨が流れて溜まる場所が推測できるからです。

自治体作成の水害ハザードマップはすでに浸水域が色ぬりされています。その想定雨量よりも雨が多ければ，その浸水域よりも高い部分まで浸水する可能性が高く，その想定雨量よりも少なければ，その浸水域の中でもより低い部分のみが浸水するということは想像がつくと思います。しかし，自治体作成のハザードマップには標高情報が入っていないことが多く，浸水域を予測しようとした場合にどの場所が高くてどの場所が低いのかを知ることができません。

その時に役立つのが国土地理院の地理院地図です。この地図はインターネットにつながっているパソコンやスマートフォン上でGoogle Mapsのように動かすことができ，なおかつ日本全国のあらゆる場所の標高情報を0.1m単位で知ることができます。試しに自宅や学校・職場の標高をみてみましょう。

地理院地図の左上の地図ボタンをクリックすると，さまざまな地図を選ぶことができますが，水害ハザードマップで想定と違う雨が降った時に参考になるのが，「自分で作る色別標高図」です。画面左上の地図ボタンをクリックし，ずらっと表示される情報の中から「標高・土地の凹凸」を選ぶと「自分で作る色別標高図」が現れますのでこれをクリックします。すると**図１**のような色付きの地図とポップアップで各種設定画面が表示されます。これは高さ別に色を変える設定画面です。この画面の上にある歯車のようなボタン（赤枠内の左）を押します。すると今画面に表示されているエリアの標高に合わせて色が変わるように自動的に標高が変更されます。もちろん手動で自由に数値や色を変更することも可能です。

地理院地図を使えば，自治体作成のハザードマップではわからない詳細な標高データが得られるので，ハザードマップの想定よりも少し高い部分まで色を塗ったり，あるいは低い部分のみを色を塗ったりということが自由にできます。画面左下に，地図中央の十字で表されている場所の標高が0.1mの精度で表示されています。十字の地点より標高が低い地域を塗りつぶして表示する機能もあります（**図 1** の各種設定ポップアップの中の赤枠内の右）。また，降った雨はより低い方へ流れますので，色塗りすることで付近で降った雨がどちらの方向へ流れていくのか，どのあたりに雨が溜まるのかも簡単にわかります。

この色別標高図でさまざまな色分けパターンを場所に応じて自分で作成してみることで，自治体の作成した一つの想定ケース以外の，さまざまな想定の浸水を予想する参考資料をつくることができるのです。

（左は自分で作る色別標高図を作成したもの。右は自分で作る色別標高図の標高設定画面）

図 1　地理院地図の表示画面例

上の検索窓に住所・施設名などのスポット名・緯度経度などを入れて好きな場所の地図を表示できます。地図中央の十字線の中心の標高が，画面左下に表示されます。左上の地図ボタンをクリックするとさまざまな地図を選ぶことができます（右図）。

10 さまざまな気象情報・避難情報

近年, 大雨などの際に「災害の危険が迫っています。ただちに命を守る行動をとってください」という切迫した呼びかけが行われるになりました。こうした呼びかけは何を根拠に行われるのでしょうか。

重大な災害が起こるおそれがある場合, 気象庁は警告のために気象警報を発表(※「発令」ではない)します。これは気象業務法で定義された予報の一つであり, 2013年には「予想される現象が特に異常であるため重大な災害の起こるおそれが著しく大きい」ケースに発表される特別警報も追加されています。また警報には至らないものの, 災害の起こるおそれがある旨を注意喚起する予報として注意報があります。

「○○川が氾濫危険水位を超えました」という情報も聞いたことがあると思います。河川管理者(国土交通省や都道府県等)は水防法に基づき, 指定河川の水位観測を行い, 基準に達した場合には関係機関への通知や報道機関を通じた住民への周知を行います(水位周知河川)。特に流域面積が大きく, 洪水により国民経済上重大な損害を生じるおそれがある河川については, 水位情報に気象庁の降水量予測を加えた「洪水予報」を気象庁と共同で発表しています(洪水予報河川)。また気象庁では洪水予報の対象となっていない中小河川も含めて, 流域雨量指数(**図1**の解説参照)と対象地域の警報・注意報判断基準から算出した洪水警報の危険度分布「洪水キキクル」(p.150参照)を公開しています。

こうしたさまざまな機関からの情報を受けて, 市区町村長は災害対策基本法に基づき, 災害が発生するおそれがあると判断した場合, 当該地域の必要と認める居住者等に対し, 避難のための立退きを指示することができます。これがいわゆる「避難指示」です。また災害が発生した場合, あるいはまさに発生しようとしている場合には, 高所への移動や近傍の堅固な建物への退避, 屋内でも屋外に面する開口部から離れた場所での待避などの「緊急安全確保」が指示されることもあります。

私たちが目にする防災情報は, 気象警報は気象庁, 洪水予報は河川管

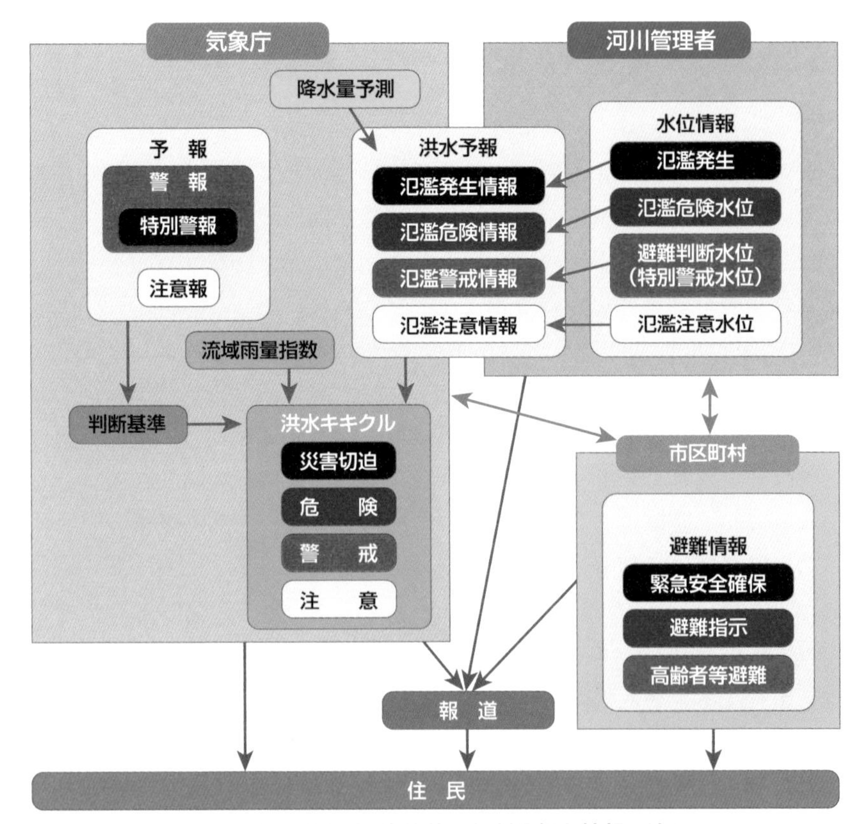

図１　気象庁と河川管理者, 自治体の役割分担と情報の流れ（筆者作成）

気象庁は雨量観測に地域の特性を加味する形で，大雨警報や大雨特別警報，洪水警報（※洪水には特別警報がない点に注意）といった気象警報を市町村単位で発表します。

河川管理者（国土交通省や都道府県など）は指定河川の水位観測を行っており，水位が基準に達した場合には住民への周知が行われます。洪水予報河川（特に氾濫した場合の影響が重大な河川）については降水量予測と合わせた「洪水予報」を気象庁と共同で発表します。

市町村は気象庁や河川管理者と情報共有を行っており，災害発生のおそれがあると判断した場合，住民に向けて避難情報を発令するという流れになります。

また気象庁は，洪水予報の対象となっていない中小河川について，アメダス雨量計と気象レーダーから作成された「解析雨量」から「流域雨量指数」を導きだし，想定される数時間後の河川水位を，洪水予報河川を対象とした洪水予報と合わせて「**洪水キキクル**」で公開しています。

理者，そして避難情報は市区町村（状況により都道府県知事や警察官，海上保安官が代行する場合もあります）という形で，発出の役割分担がされているのです（**図１**）。

関連項目　5章⑥（p.150）

11 いのちを守る避難の重要性

自然災害から命を守る最も有効な手段は逃げることです。水害や津波においては顕著(けんちょ)で，気象庁が各種気象警報を発表するのは，いつでも避難できる準備を整えるという意味を持ち，自治体が呼びかける避難指示などは避難行動を促すものです。

2011年の東日本大震災では，最も大きな犠牲は津波によりもたらされました。この時は地震発生から津波の到達まで30分近い時間があったにも関わらず，最初に発表された津波の予測高が過小だったこともあり，避難行動が遅れてしまったことが大きな要因とされています。避難しない人を促し，助けようとして間に合わず犠牲になった例も多くみられました。津波では一刻も早く高台へ逃げる必要があります。岩手県の三陸地方では昔から「津波てんでんこ」という言葉があります。これは，津波が起きたら周りにかまわず，めいめいが逃げることで命を守れという意味ですが，東日本大震災の津波でその言葉の意味が見直されました。このように自らが助かるための行動をとることを「自助(じじょ)」と呼びます。

多くの人は重大な局面を目の前にしても「自分は大丈夫」と思ってしまう性質があります。これは正常性バイアスという言葉で知られており，災害時に避難が遅れる一因となっています。また，津波警報が発表されても，実際には予想されたような津波が来ず，警報が空振りに終わるケースも珍しくありません。こうした空振りが続くと，人は「どうせまた来ない」というように，警報を軽視してしまう傾向があります。オオカミ少年効果と呼ばれるこの現象も，津波の際に命を危険にさらす結果に繋(つな)がります。「人は逃げない」という性質を認識し，いざという時に迷わず避難行動をとるように心がけることが命を守ることに繋がります。

最も，突然襲ってくる地震の場合は，避難行動をとるような余裕はなかなかありません。できるのは倒壊や落下物を避けられるような，少しでも危険の少ない場所に移動して，頭部を守るような姿勢をとることです。それでも家具の転倒や建物の倒壊などで被害を受けてしまうことが

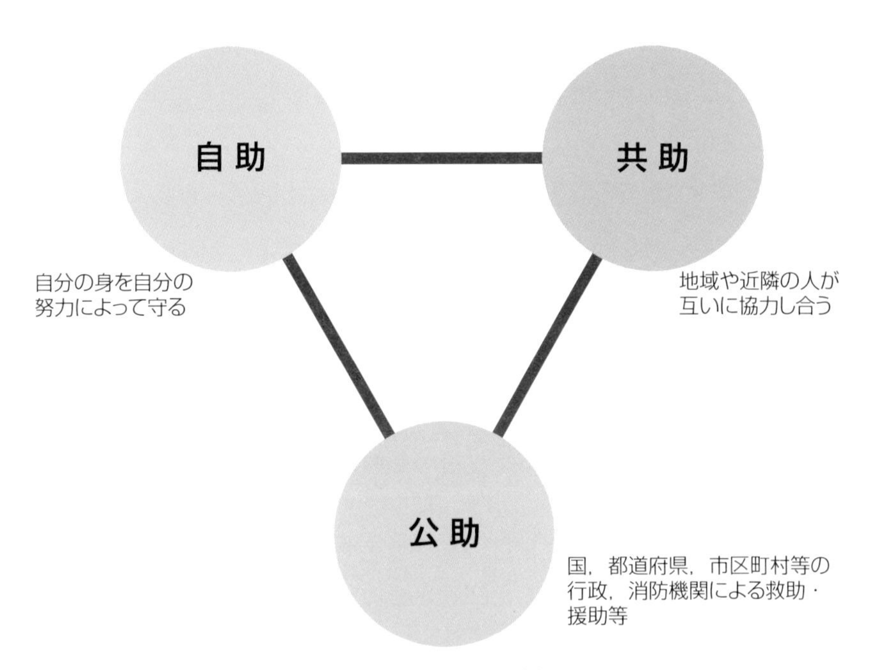

図１　自助・共助・公助の関係（筆者作成）

あります。災害の発生直後は，消防や警察などを含めた役所による救助対応「公助（こうじょ）」にも限界があります。こうした際に意味を持つのが「共助（きょうじょ）」という考え方です。

2014年に発生した長野県神城（かみしろ）断層地震において，白馬（はくば）村や小谷（おたり）村で多くの家屋が倒壊しながら，近隣の身近な人同士の助け合いで，犠牲者を出さずに済んだのは共助の代表例で，「白馬の奇跡」と呼ばれています。また東日本大震災の際に，釜石市の中学生と小学生が率先して避難したことが近隣住民の避難行動を促し，津波から逃れた「釜石の奇跡」も共助の成功例として知られています。

いずれのケースも，住民や子どもたちが日頃から共助の重要性を理解しており，助け合うしくみが形成されていたことが功を奏したものです。きちんと準備していたからこそ共助が機能したもので，決して奇跡ではないのです。一人ひとりが自分の命を守る避難行動をとり，周囲と助け合うことで被害を少なくすることは十分に可能なのです。

12 災害に強いまちづくり

災害に強いまちづくり・地域づくりそのものを考えることも重要です。自助・共助・公助というソフト防災だけでは街は守れません。同様に，耐震化や不燃化などのハードの整備だけでも防災は機能しません。ハード・ソフトが一体になって，はじめて災害に強い地域が実現します。

神戸市長田区の野田北部地区では，行政とともに整備を進めていた大国公園やコミュニティ道路が，1995年の阪神・淡路大震災で発生した大火災の延焼を食い止めました。震災後の復興にも地域のまちづくり協議会を中心に神戸市と連携することで，神戸でも最も早く復興まちづくりが実現できました。同じく長田区の真野地区では，1970年代から取り組んでいたまちづくり活動を通じた交流が奏功して，住民と企業が協力して火災を食い止め，連携を活かしてスムーズな復興を成し遂げました。こうしたハード・ソフト両面から総合的に展開するまちづくりは，モデルケースとして各地で参考にされています。

地震時に危険とされる木造住宅密集地域でもある東京都世田谷区の太子堂地区では，住民主体のまちづくり協議会が中心となり，袋小路が多い街で避難方向を確保するために防災小広場がつくられ，住民の手で管理されているほか，防火用水として機能するせせらぎのある烏山川緑道の整備やマンションの建て方ルールの策定なども行われています。

東京都豊島区はいざという時に防災拠点として機能するように，南池袋公園をリニューアルしました（**写真１**）。普段は緑あふれる憩いの場として使われながら，災害時には多数の帰宅難民を受け入れられるつくりになっています。水や食料を備えているのはもちろん，普段からカフェとして営業することで災害時でも温かい食事を提供できるように考えられています。夏の熱中症対策として設置されているミストシャワーも，災害時には木を濡らすことで延焼防止の意味を持ちます。

人は日々災害のことばかり考えて暮らすことはできません。また災害の時だけ使う施設の整備に大きな予算を投じることも現実的ではありま

（2021年5月，筆者撮影）

写真１　防災拠点としての機能を有する東京都豊島区の南池袋公園

せん。近年ではこのような平時と災害時をあえて分けないフェーズフリー防災の考え方が浸透しつつあります。

災害に強いまちづくりには，自治会，学校組織，職能団体組織，企業などさまざまな組織をつなぐ日頃の地域のネットワークが強みになります。そのうえで，全国各地の多様な事例から知恵や教訓といったノウハウを集め，共有することも重要です。さらに，自分の住む地域で過去にどのような災害が起きたのかを知っておくことも，土地の特性を認識するうえで大きな意味を持ちます。

東日本大震災の津波被災地では，復興にあたり高台への集団移転を実施した街も多くあります。高齢化が進み災害時要援護者が増えれば「津波てんでんこ」（p.22参照）のような単独避難が難しくなるケースもあります。そのためには，住み慣れた場所を離れてでも「危険な場所に住まない」という選択は，有力な答えの一つです。

13 「防災」から「減災」へ

「防災」は広く災害に対応することを意味する言葉ですが，字面的には「災害を防ぐ」，つまり被害を発生させないことを連想させます。しかし災害を完全に防ぐことは現実的ではないことから，近年では災害が発生することを前提として，その被害を可能な限り小さく抑える「減災」という言葉が使われるようになっています。

「被害を出さない」防災のためには膨大なコストがかかりますが，いくらコストをかけても想定を上回る災害が発生すれば被害を防ぐことは不可能です。減災は「人の命を守る」ことにリソースを集中させることで，被害の最小化をめざすものです。減災は行政だけの力で実現することが難しく，自助や共助など，「一人ひとりに何ができるのか」を考えていくことが重要になります(**図1**)。

例えば国土交通省が中心になって推進している流域治水（p.106参照）においては，河川管理者だけでなく，自治体や企業，住民も含めて，その河川の流域に関わるすべての人々が協力して水害の被害を最小化することが提唱されています。各家庭でも，氾濫域であれば地域の水害リスクを知り，「マイ・タイムライン」（一人ひとりの防災行動計画）をつくることなどで早期避難を実現できれば，命を守ることにつながります。また農業従事者であれば，田んぼに洪水を一時的にため込んで，住宅地の被害を防ぐことができれば「減災」に貢献することになります。

企業にも減災に向けた対策が求められています。耐震化やオフィスの安全空間の確保，帰宅困難者の発生も考慮した備蓄の用意などはその代表例ですが，企業は災害発生後にも重要な役割があります。いち早く事業を再開させることです。そのために重要なのが，従業員の安否確認も含めて，事業を継続させるための方策や段取りを整理した事業継続計画（BCP:Business Continuity Plan)の策定です。企業が事業を継続することは地域のライフラインとしての役割を果たすことはもちろん，災害後の経済を回し，雇用を守るうえでも重要な意味をもちます(**図2**)。

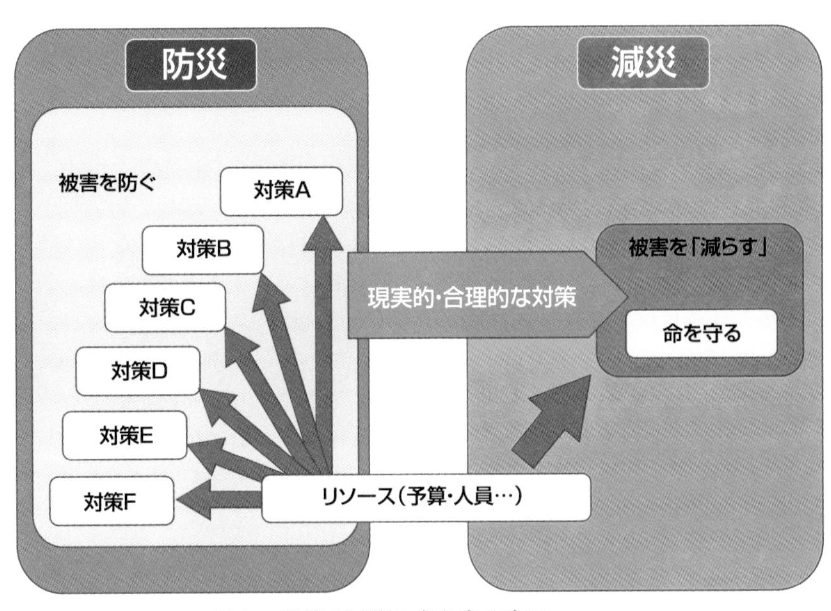

図１　防災と減災の考え方の違い（筆者作成）

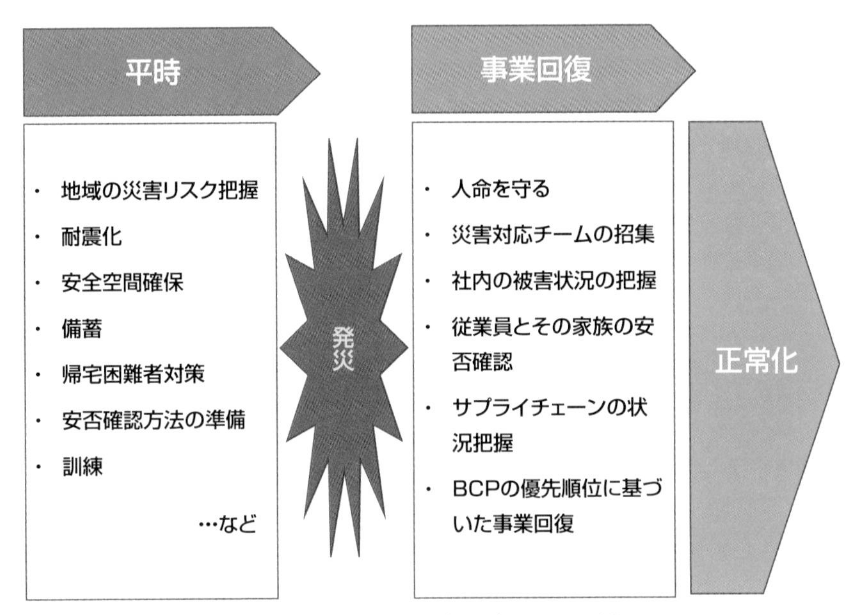

図２　企業の事業継続計画（BCP）のイメージ（筆者作成）

コラム COLUMN

避難所と避難場所

災害から逃れるために「避難所」へ逃げる。実はこれは必ずしも正しくありません。現在の災害対策基本法では，切迫した災害の危険から逃れるための「指定緊急避難場所」と，避難者が生活環境を確保するために滞在する「指定避難所」が区別されています。かつては両者が明確に区別されておらず，東日本大震災の際には，安全とされた「避難所」に多くの人が避難して被災してしまった例もありました。

指定緊急避難場所は危険回避のための場所であり，一般に頑丈な建物や広いグラウンドなどが指定されますが，災害の種類ごとに異なる場合があります。例えば地震に対しては広い河川敷などが指定されているケースがありますが，洪水時にはむしろ危険な場所であるためです。

指定避難所は学校や体育館，公民館などが指定されるのが一般的で，指定緊急避難場所を兼ねる施設もあります。指定避難所は自治体が策定する地域防災計画に基づいて設置され，運営も各自治体の職員が行うことが定められています。

近年は指定避難所以外への避難も多くみられます。被災していない親類や友人の家，ホテルなどの施設などへの避難，在宅避難(洪水時に上層階へ避難する「垂直避難」も含む)のほか，地震災害時には余震を警戒してテントなどを活用した軒先避難や，自家用車に寝泊まりする車中避難を行う例もあります。

避難は身の安全を確保することを優先すべきですが，指定避難所以外に滞在した場合，行政による安否確認が難しいことに加え，物資などの支援が届きにくいといった課題もあります。

(Dreamstime)

写真１　沖縄県宮古島にある高床式の津波避難施設

第1章 地震と津波

「地震，雷，火事，親父」ということばがあります。世の中で特に怖いとされているものを順に並べたとされていますが，真っ先に「地震」が登場していることから，いかに日本で古くから地震が恐れられていた，そして身近な災害であったのかがうかがい知れます。

このうちの二つ，地震と火事で多くの犠牲者を出したのが1923年の関東大震災でした。地震が原因で火災が発生し，延焼したことで被害が拡大したのです。しかし，地震による被害は火災ばかりではありません。2011年の東日本大震災では大津波や，土砂災害，液状化も起きています。東日本大震災ではこれに加えて，原発事故や都市部での帰宅困難者の発生もありました。ひとたび大きな地震が発生すると，被害はさまざまな形で出現します。そしてそこには地理学的な事象が深く関わっています。

1章では地震の多様な被害とその対策，そしてなぜ日本では地震が多いのかについて考えます。

1 決して「想定外」ではなかった東日本大震災

1000年以上前に残されていたメッセージ

2011年3月11日，M（マグニチュード）9.0の東北地方太平洋沖地震が発生し，東日本の太平洋沿岸に甚大な津波被害をもたらしました（**写真1**）。いわゆる東日本大震災です。巨大な津波は沿岸の街を飲み込み，原子力発電所を破壊しました。大災害を目の当たりにして，行政やマスコミでは「想定外」「未曾有（いまだかつて無い，という意味）」という表現が使われましたが，果たして本当にそうでしょうか。

実は今から1100年前に，東日本大震災の被災地で，この災害と酷似する津波があったことが「日本三代実録」（901年）という史書に記録されています。869年に発生した貞観地震です。1906年には歴史地理学者の吉田東伍がこの地震についての論文を発表し，「日本三代実録」の記述から津波が国府のあった多賀城の城下まで達したことを初めて論証しています。東伍は，百人一首にある清原元輔の「契りきな かたみに袖を しぼりつつ 末の松山 波越さじとは」（歌意：約束を交わした二人の仲が「末の松山を波が越さない」ごとく永遠である）という和歌を取り上げ，内陸にある多賀城の「末の松山」（**写真2**）に貞観地震による津波が押し寄せながらも浸水しなかったことを題材としているという説を唱えたのです。

東伍の説の正しさは，その後の津波堆積物の発掘調査で立証されています。そして貞観地震津波の到達範囲が東日本大震災時の浸水ラインともほぼ一致することもわかっています（**図3**）。つまり，きちんと過去を顧みれば，東日本大震災は決して予想できない災害ではなかったのです。

災害とは多かれ少なかれその土地の性質に依存するもので，同じ場所で同じような被害が繰り返されています。そもそも現在私たちが目にしているさまざまな地形は，洪水や地震や津波や火山噴火など，地球活動の積み重ねの結果つくられたものです。洪水も地震も津波も火山噴火も，すべてごく普通の地球の営みです。それが災害になってしまうのは，そこに人が住んでいるからであり，「災害」という概念自体が人間の主観によるものといえます。

写真１　押し寄せる津波(仙台市宮城野区, 2011年３月11日) (仙台市提供)

写真２　現在の｢末の松山｣ (筆者撮影)

[出所:｢西暦869年貞観津波の復元と東北地方太平洋沖地震の教訓｣]

図３　貞観地震と東日本大震災の津波浸水域の比較 (文部科学省HPほか)

私たちの一生はせいぜい100年程度です。これは46億年の歴史を持つ地球活動のタイムスケールの中では，わずかな瞬間でしかありません。その短い時間の中で，たまたま一度も同じような被害に遭っていないというだけで｢想定外｣といってしまう限り，災害がなくなることはないでしょう。被害を防ぐための第一歩は，自分たちが住む土地の成り立ちや歴史を知ることなのです。

2 東日本大震災① 長く強い揺れ，そして大津波

2011年３月11日14時46分，三陸沖の日本海溝で東北地方太平洋沖地震が発生しました。M9.0という地震規模は日本の観測史上最大であり，世界に目を向けても，1900年以降４番目という超巨大地震でした。この地震がもたらしたさまざまな災害が東日本大震災です。

国土地理院のGPS観測によると，地震に伴う地殻変動で宮城県の牡鹿半島が水平方向で東南東方向へ約5.3m移動し，1.2mの沈降を記録しました。最大震度は７（宮城県北部）で，岩手県から千葉県にかけての広範囲で震度６弱以上を，震源から離れた東京でも震度５強を観測したほか，長周期地震動と呼ばれる長い周期の揺れが10分以上続いたことで，建物の倒壊や損壊が発生しています。また，翌日未明に長野県北部（M6.7），３月15日には静岡県東部（M6.4），４月７日には宮城県沖（M7.2），４月11日には福島県浜通り（M7.0）など規模の大きな地震が続きました。

そして深刻な被害を及ぼしたのが津波です。気象庁が痕跡（こんせき）から推定した津波の高さは岩手県大船渡（おおふなと）市で16.7m，その後のさまざまな研究者の調査は，遡上高（そじょうこう）（津波が陸地を駆け上がって到達した高さ）が40mを超える箇所があったことも確認されました（岩手県宮古市姉吉（あねよし）地区・宮城県女川（おながわ）町笠貝（かさがい）島）。青森県から千葉県にかけての太平洋岸での浸水面積は，東京23区面積の９割にあたる561km²にも及んでいます（国土地理院発表）。

警察庁によれば2023年３月現在の東日本大震災による死者は1万5900人，行方不明者2523人で，その９割以上の死因は溺死（できし）でした。地震発生から津波の到達までは30分程度の時間がありましたが，津波の高さを低く見積もってしまい，逃げ遅れた人，あるいは逃げる選択をしなかった人が多く犠牲になりました。住民の避難を促していた自治体の職員や消防団員が犠牲になるケースもありました。東北地方には「津波てんでんこ」という言葉が伝えられています。津波の際には自分の命を自分自身で守るためにそれぞれが主体的に行動しようという教えです。東日本大震災では多くの人がその意味を再認識することになりました。

被災前(1982年10月撮影)

被災後(2011年 3 月13日撮影)

(国土地理院資料)

図 1　岩手県陸前高田市の被災前後の比較写真

陸前高田市では市街地のほとんどで浸水による被害がみられました。写真からも多くの建築物が流出し，交通インフラや海岸保全施設が損壊したことがみてとれます。

また，津波が川に沿って低地を遡上して被害を広げることや，車のガソリンやプロパンガスなどが原因となって発生した火災が津波とともに襲ってくる津波火災の深刻さも目の当たりにすることになったのです。

地震はインフラにもさまざまな影響を及ぼしました。福島県では15mの津波に襲われた東京電力福島第一原子力発電所が電源を喪失，メルトダウンの発生により大量の放射性物質が漏洩(ろうえい)する深刻な原子力事故となりました。その結果，周辺自治体の住民は長期避難生活を強いられることになりました。また，放射性物質の拡散や原子力発電所の停止に伴う電力不足による計画停電の実施が社会的影響をもたらしたほか，周辺地域は長きにわたり風評被害に苦しむことにもなりました。

3 東日本大震災② 都市で起きた問題
帰宅困難と計画停電

東日本大震災では震源から遠く離れた首都圏でもさまざまな被害が発生しました。一つは長周期地震動による被害です。地震動はさまざまな周期(揺れが 1 往復するのにかかる時間)がありますが，長周期地震動は周期の長いゆっくりとした大きな揺れです(**図 1**)。建物には固有の揺れやすい周期があり，地震波の周期と建物の固有周期が一致すると，共振により建物が大きく揺れることになります。長周期地震動の場合には,とりわけ高層ビルの上層階では揺れが大きくなり，東日本大震災でも家具の移動・転倒やエレベーターの故障などの被害がありました。

また，首都圏などでは鉄道を中心とした公共交通網がストップし，当面の復旧が見込めなかったことから，都心に通勤していた人たちが自宅へ帰れなくなる「帰宅困難者」(帰宅難民とも)が発生しました。ターミナル駅には人があふれ(**写真 2**)，郊外へと向かう道路は大渋滞し，歩道には徒歩で帰宅する人たちの列が続きました。こうした渋滞が緊急車両の通行に支障をきたすなど，人口が集中する都市部の脆弱さを露呈することになりました。近年では台風等で公共交通網の障害が予想される場合,各鉄道会社が予め計画運休を発表することで混乱を回避することが一般的になりましたが，東日本大震災の際の帰宅困難者問題が一つの教訓になっています。

とくに首都圏で深刻化した問題は電力不足です。原子力発電所をはじめとした複数の発電所が被災により運転停止し，電力供給量が低下したことから，電力会社では大規模停電を事前に回避するため,計画停電を実施しました(**図 3**)。対象地域をいくつかのグループに分けて，数時間ずつの停電を輪番制で実施する形でしたが，停電時には高層ビルのエレベーターや水道をくみ上げるポンプが止まる，トイレが流せないなど日常生活にさまざまな影響をもたらしました。とりわけ近年増えつつあったオール電化住宅ではダメージが大きくなりました。

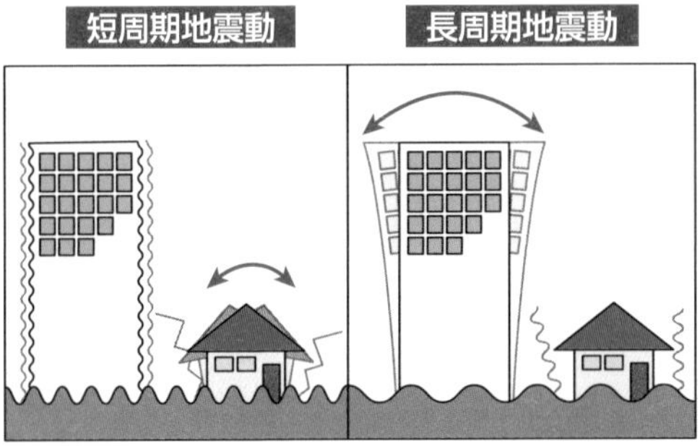

短周期地震動　長周期地震動

図１　短周期地震動と長周期地震動の揺れ方の違い

（気象庁HPより）

写真２　電車の運行再開を待つ人々（2011年３月11日）

多くの人は駅で一夜を過ごしました。写真はJR上野駅のようす。

（Koi88/Dreamstime）

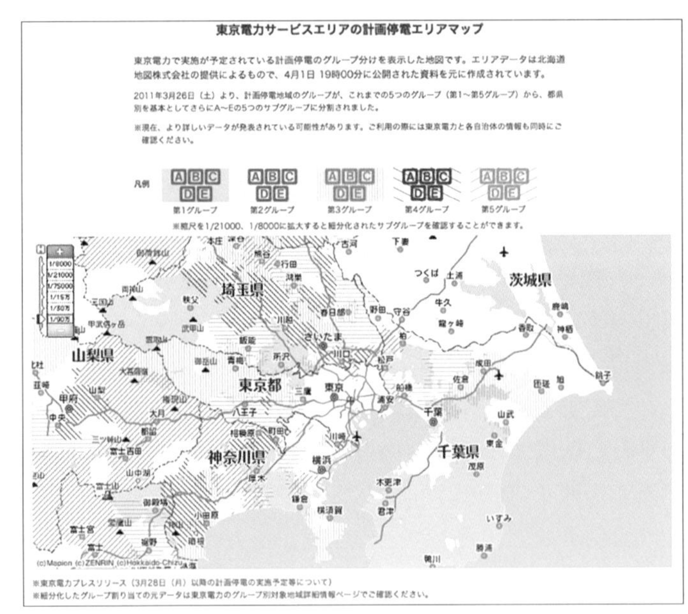

図３　計画停電エリアマップ　輪番制で計画停電が実施されました。

4 東日本大震災③ 地方における過疎と孤立の問題

東日本大震災の被害は広域にわたるうえ，被災状況も多様でした。発災直後はどこでどのような被害が発生しているのかを把握することは難しく，徐々に状況がわかるようになると，道路や港湾等のインフラの破壊により，多くの孤立集落が発生していることがみえてきました。

孤立は救命･救助の意味ではもちろん，情報の遮断や食料･衣服の不足，燃料の枯渇などさまざまな問題を伴います。この時には警察や消防はもちろん，自衛隊による救助や米軍による補給も含めたあらゆる対応策が採られましたが，孤立の解消には一定の時間を要することとなり，被災者支援のあり方は大きな課題となりました。

こうした問題が一般に注目されたのは，2004年10月に発生した新潟県中越地震の時が最初でした。旧山古志（やまこし）村（現長岡市）などで道路の寸断により61地区の孤立集落が発生し，地面に大きくSOSを記して救助を呼びかける様子などが報道されました。最終的にはヘリコプターを使った全村避難が実施されました（全村避難は3年にわたりました）。近年では中山間地を中心に過疎や高齢化が進んでおり，地域防災を考えるにあたっては孤立集落対策が不可欠なものとなっています。

また，こうした災害をきっかけにして過疎に拍車がかかることも大きな問題となっています。東日本大震災では津波の被害を受けた地区を中心に人口が大幅に減少しており，2010年と2015年の国勢調査を比較した人口減少率は宮城県女川（おながわ）町で37%，南三陸町で29%，岩手県大槌（おおつち）町で23%となっています。高齢化が進んだ集落では住居の建て替えの負担が大きいことや，災害時への不安などから地域を離れて都市部に住む家族や親戚のもとに転居するような例も多くみられるほか，若い世代の都市部への流出も加速しています。

とりわけ原発事故で10万人以上の住民が遠方への避難を余儀なくされた福島県の沿岸市町村では，発災から10年が経過した2021年現在でもなお帰宅困難区域が残っているほか，避難指示が解除された地区でも帰宅

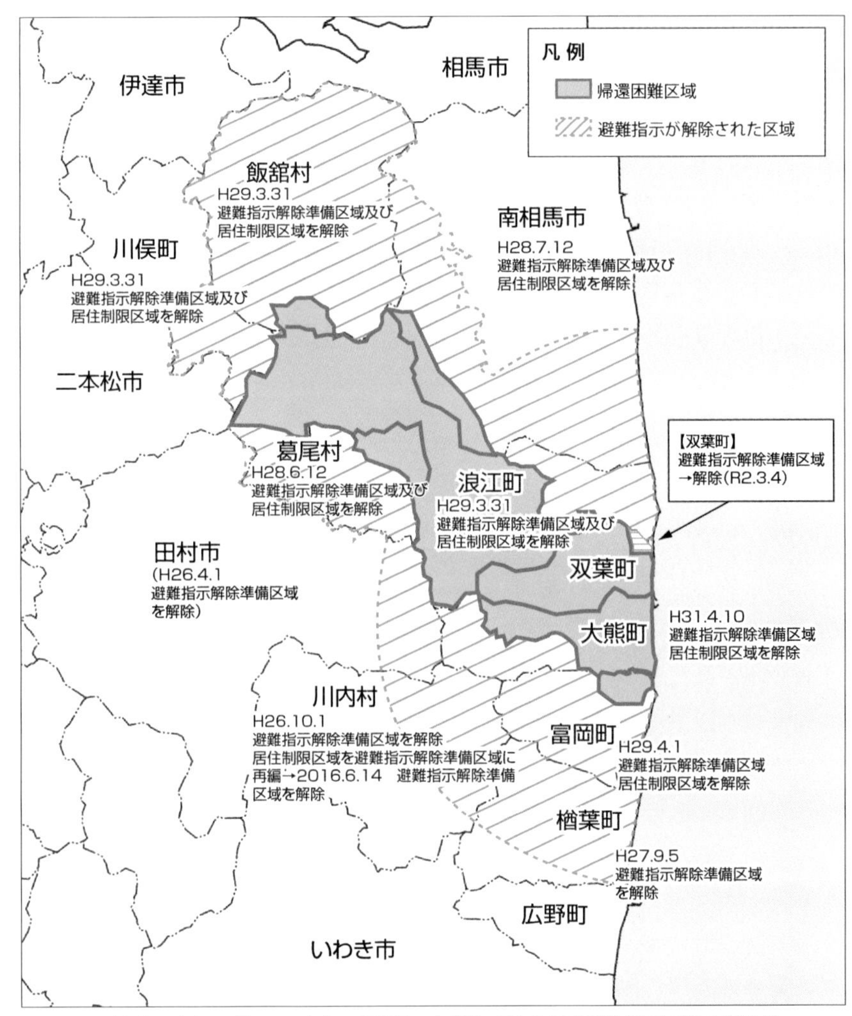

2020（令和２）年３月10日時点　双葉町・大熊町・富岡町の避難指示区域の解除後

図１　福島県における原発事故避難指示区域の変遷（ふくしま復興情報ポータルサイトより）

を選択しない住民も多く，過疎化の進行が深刻化しつつあります(**図１**)。避難生活が長引くことで，従来あった生活者のコミュニティが維持できなくなったケースは原発避難指示区域以外の被災地でもみられました。

5 東日本大震災④ 地形改変地を襲う地盤被害

東日本大震災では，各地で液状化の被害が発生しましたが，なかでも東京湾岸の千葉県浦安市では市面積の86％で液状化が発生し，3万7023世帯9万6473人が被災する大きな被害になりました（浦安市「東日本大震災―浦安市の記録―」)。マンホールの浮き上がりや住宅の倒壊・傾斜の被害も多くみられ，高層マンション等は傾くことこそなかったものの，上下水道をはじめとしたインフラが機能不全となり，生活に大きな影響を及ぼしました(**写真１**)。

液状化は地下水位が高い場所等でゆるく堆積した砂地盤が液体状になる現象です。砂の粒子が地下水の中に浮かんだ状態になることで，水や砂を吹き上げる噴砂(ふんさ)現象をはじめ，地盤の支持力低下による建物や橋梁等構造物の傾きや倒壊，地下埋設管やマンホールの浮き上がりといった被害を生じさせます。これまでも，1964年の新潟地震におけるビル（アパート）の倒壊や橋梁の落下などが液状化の例として知られていました。

液状化が特に発生しやすいのが，海岸沿いの埋立地や干拓地，昔の河道や湖沼を埋めた埋土地(うめどち)などの人工改変地です。東日本大震災で液状化の被害が発生した場所は，いずれも海や沼を埋めた人工改変地であるという共通項がありました。こうしたリスクのある場所(かつての水部)は，古い地図や航空写真をみることで確かめることが可能です(p.184参照)。

東日本大震災では土砂災害も広い範囲で発生しました。仙台市では丘陵地の造成地で多くの地すべりが発生しています。仙台市は1978年の宮城県沖地震でも同様な地すべりの被害が発生しており，被害を受けた場所に共通しているのは谷埋め(たにうめ)や腹付け(はらつけ)などの盛土地(もりどち)(**図２**)であった点です。また,福島県須賀川(すかがわ)市では灌漑用ダムの藤沼貯水池が決壊して鉄砲水が発生し，下流で犠牲者を出しました。人工改変地ではこうした土砂災害のリスクがあることも十分に認識しておく必要があります。

また，埋立地や埋土地，盛土地などの人工改変地は，液状化や土砂災害ばかりでなく，軟弱地盤ゆえに地震の揺れが増幅しやすい傾向があり，

（地図調製技術協会提供）

写真１　浦安市での液状化被害の様子

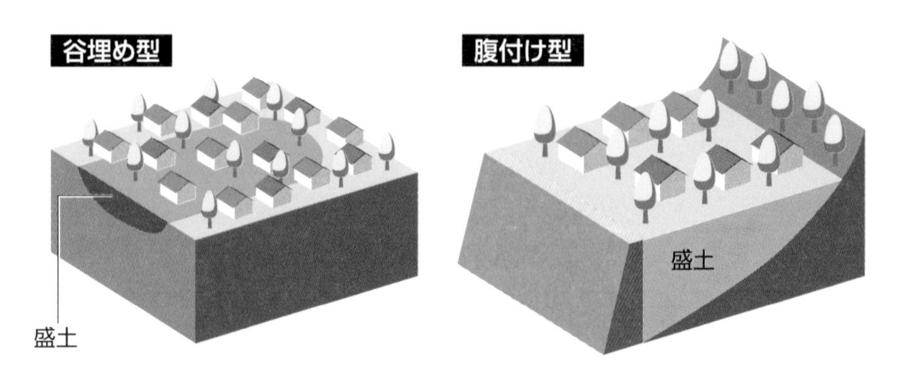

図２　谷埋め盛土と腹付け盛土（国土交通省資料より）

建物の倒壊等の被害が大きくなりがちです。被害を少しでも小さく抑えるためにも，自分が住む土地がどのような地盤なのかを知っておくことが重要です。

関連項目　４章⑥（p.128），６章⑪（p.184）

6 阪神・淡路大震災と「震災の帯」

1995年1月17日午前5時46分，淡路島北部を震源とするM7.3の「平成7年兵庫県南部地震」が発生しました。この地震によって引き起こされたのが，死者・行方不明者6437人，全・半壊家屋24万9180棟を数えた阪神・淡路大震災です。東日本大震災より地震の規模は小さいものの，大都市で発生したことから被害は凄惨（せいさん）なものとなりました。木造住宅の倒壊や焼失に加え，揺れの激しかった地域では鉄筋のビルも破壊され，阪神高速道路の高架橋が倒壊したことも大きな衝撃を呼びました（**写真1**）。

揺れの持続時間はわずか20秒足らずながら，活断層である六甲・淡路島断層帯が震源となったことが大きな被害に結びつきました。気象庁は震度7の烈震を認定しました。当初の発表は最大震度6でしたが，当時のルールでは現地調査によって被害を確認しなければ震度7を認定しないとしていたため，後に7に訂正されることになりました。

震度7の地域は，淡路島の北淡（ほくだん）町（現在の淡路市）などのほか，神戸市須磨区から西宮市にかけて，六甲山地南麓の狭い地域に東西の帯状に続いており，「震災の帯」と呼ばれました（**図2**）。

大都市の被災でもあり，インフラの被害も深刻でした。道路はそこここで寸断され，救援物資はもちろん，消防や救急などの緊急自動車の通行にも支障をきたしました。鉄道の被害も甚大で，東西交通網は完全に断たれる形となり，完全復旧には長い時間を要しました。また発電所や変電所，送電線などの電力施設，通信施設やガス，上下水道施設も被害を受けたことにより停電は260万戸，断水は72万戸にもおよびました。

被災者の数が多かったことから，避難所が足りないという問題も生じました。避難所は最大で599か所が開設され，避難者は最大23万6,636人にも達したことに加え，対応にあたる自治体職員自身も多くが被災者となったことで，避難所の運営も困難な状況となり，人口が集中する大都市での災害対応の難しさが表面化しました。

(PIXTA)

写真１　激しい揺れで倒壊した阪神高速道路

（内閣府防災HP）

図２　震度７と判定された「震災の帯」

7 なぜ日本はこんなにも地震が多いのか？

プレートの交差点近くに位置する日本

有史以降，日本は多くの地震に見舞われてきました。古くは日本書紀に地震に関するいくつかの記述が残されており，以降もさまざまな文献において，地震や津波の発生やその被害を示すような記述がみられます。また，近年は堆積物調査から過去の津波の規模や範囲，発生年代を推定することも行われており，日本が古くから地震や津波の被害を受けていることがわかっています。

ではなぜ日本はこんなに地震が多いのでしょうか。その最大の理由は，「変動帯」と呼ばれる地殻活動が活発な場所に位置しているためです。

地球の表層は十数枚のプレートと呼ばれる板状の岩盤で覆われており，プレートがそれぞれの方向へ移動することで，互いに離れたり，衝突したりすることで関与し合っています。こうした場所が「変動帯」となります。

日本列島は大陸プレート（西日本はユーラシアプレート，東日本は北米プレート）の上に形成されています。太平洋側の沖合では，太平洋プレートやフィリピン海プレートといった海洋プレートが大陸プレートの下に沈み込んでいます。

プレートが沈み込む部分は海溝やトラフ（舟状海盆）と呼ばれる深海で，その周辺には圧縮する力が強く働くために地震を発生させるのです（**図1**）。こうした力は「応力」と呼ばれ，隆起や沈降，褶曲，地震などの地殻活動や火山活動を活発化させます。また，気候が湿潤なために河川等による侵食・堆積作用が盛んで，災害を生じやすくさせています。

世界を見回すと，日本のような変動帯に対して，地殻活動による変動をほとんど受けない安定大陸もあります（**図2**）。世界の地震の約10％が日本付近で発生していますが，これは日本列島が変動帯に位置しているためなのです。

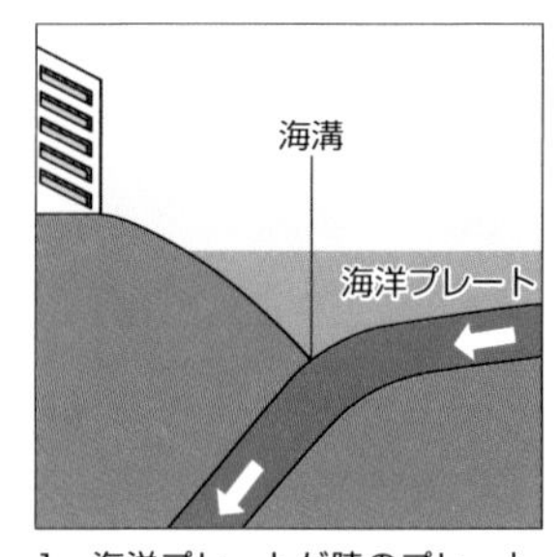

1. 海洋プレートが陸のプレートの下に沈み込みます。

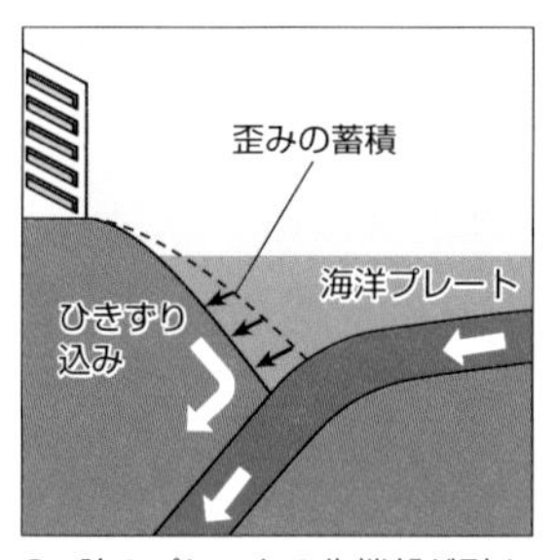

2. 陸のプレートの先端部が引きずり込まれ，歪みが蓄積します。

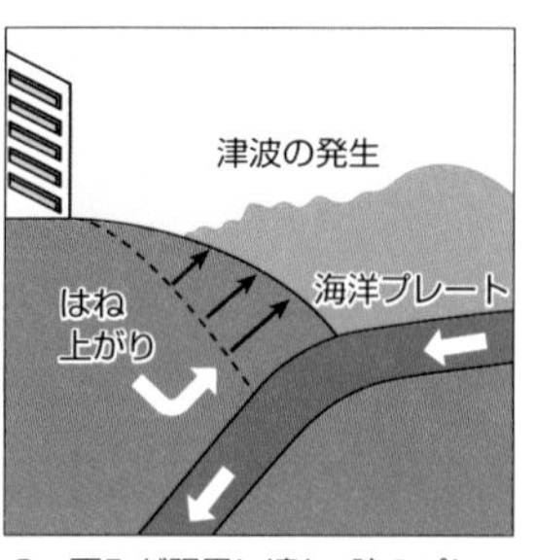

3. 歪みが限界に達し，陸のプレートの先端部がはね上がって海溝型地震が発生します。

（東京都防災HP）

図１　海溝型地震発生のしくみ

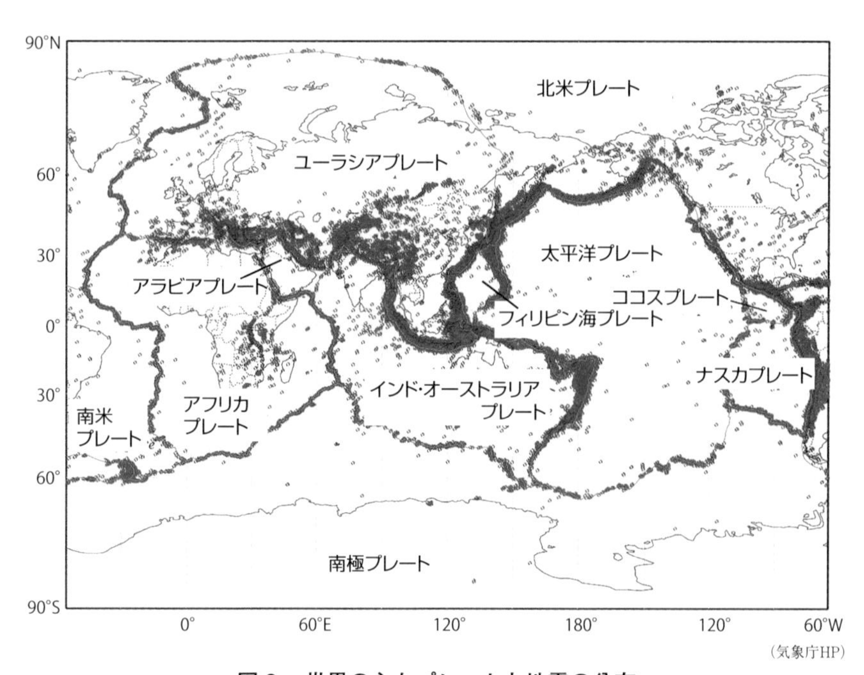

（気象庁HP）

図２　世界の主なプレートと地震の分布

世界の地震の多くは，プレートの境界周辺の「変動帯」で発生しています。

8 関東大震災における複合災害

人口密集地を襲う火災旋風

首都東京を直接襲った大地震は大正時代まで遡(さかのぼ)ります。1923年 9 月 1 日午前11時58分, 相模湾を震源とするM7.9の大地震が発生しました。この地震による災害がいわゆる関東大震災です。

東京市(当時)では地震発生直後から火災が発生し, 延焼していきました。延焼は広域に渡り, 当時住宅が密集していた日本橋区, 浅草区, 本所(ほんじょ)区, 神田区, 京橋区, 深川区(現在の千代田区, 中央区, 台東区, 墨田区, 江東区にかけて)では市街地のほとんどが焼失しており, 東京市における火災による死者・行方不明者は 5 万2178人に達しました。都市の過密化が招いた災害でした。

さらに不運だったのは気象条件です。この日は北陸地方に弱い台風があり, 気象の変化が激しく, 折からの強風が時間を追って次々と風向きを変化させていきました。この風向きの変化があらゆる方向へ延焼を拡大させ, 結果的に避難者は逃げ場を失うことになりました。本所区にあった旧陸軍被服廠(ひふくしょう)跡(現東京都墨田区横網(よこあみ)公園)は安全な避難場所とされ, 多くの人が避難してきていましたが, すでに四方を火災域に囲まれて逃げ場のない状態になっていたことに加え, 避難者によって大量に持ち込まれていた家財道具などの可燃物に周囲からの飛び火が引火, 折からの強風も相まって火災旋風(炎を伴う竜巻状の風)が発生し, 短時間のうちに多くの命が失われました(**図 1**)。

震源により近い横浜市では, 全潰(ぜんかい)棟数は約 1 万6000と東京市の 1 万2000を上回ります。特に被害が大きかったのが大岡川と中村川及び堀川に挟まれた旧吉田新田(現在の関内や伊勢佐木(いせざき)町など横浜の中心部)にあたる部分で, 地盤が軟弱な埋立地であったことが災いして全潰率は80%に達しました。火災もこの地区に集中しています。

火災から多くの人を救ったのが横浜公園 (現在横浜スタジアムのある場所)でした。延焼地域に囲まれていたことや, 数万人の避難民が殺到したことは東京の被服廠跡と同条件でしたが, 横浜公園の場合は多くの住

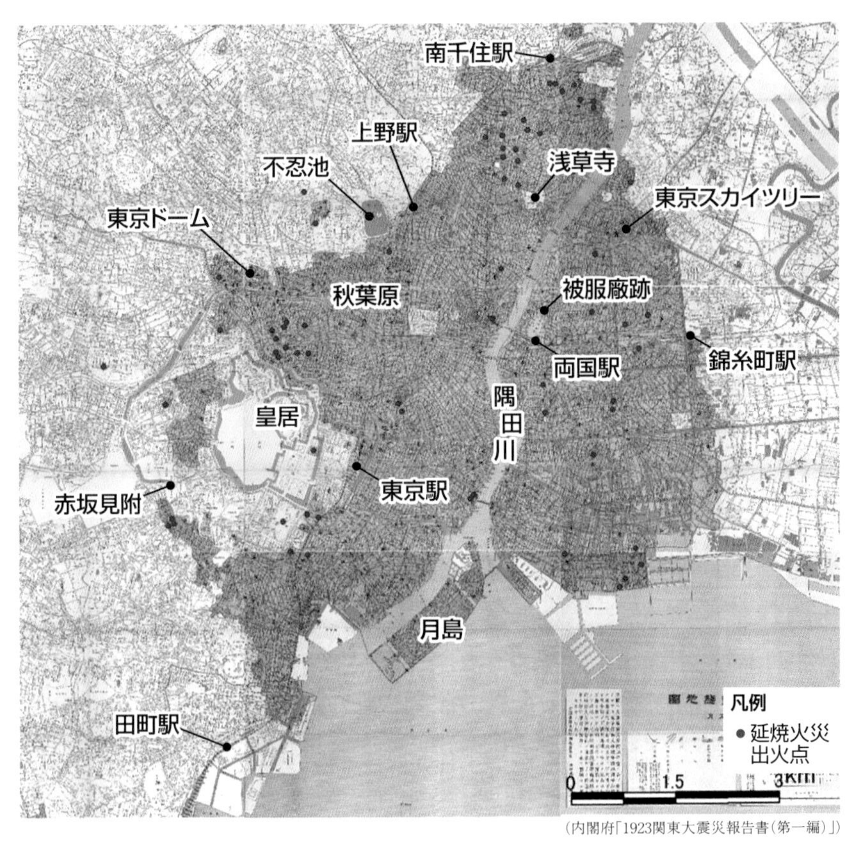

（内閣府「1923関東大震災報告書（第一編）」）

図１　1923年の関東大震災時の東京市火災動態地図（９葉を１枚にした図）＋出火点

民が着の身着のままで避難してきていたことで，家財道具を持ち込んで悲劇を呼んだ被服廠跡のケースと明暗を分けることになったのです。

関東大震災は火災のイメージが強いですが，津波や土砂災害による死者も出ており，液状化被害も発生しています。情報伝達の混乱によるデマから朝鮮人をはじめとした多くの人が殺害されるという悲劇も起きており，複合災害として多くの教訓を残す事例でもあるのです。

9 傷だらけの日本列島
直下型地震を起こす活断層

東日本大震災のきっかけとなった東北地方太平洋沖地震（2011年）は，日本海溝で発生したプレート境界型地震であるのに対して，阪神・淡路大震災をもたらした兵庫県南部地震（1995年）や，新潟県中越地震（2004年）などは，活断層の活動により発生しています。この活断層とはいったいどのようなものなのでしょう。

変動帯に位置する日本列島には，プレート運動による複雑な応力（おうりょく）がかかり続けています。こうした力により地殻が圧縮されたり，逆に引っ張られたりすることにより大地にずれが生じます。このずれを断層と呼びます。一度ずれた断層は大地に古傷となって残り，応力がかかり続ければ再び動くことがあります。こうした活動を繰り返しているのが活断層です。

断層にはいくつかの種類があります（**図１**）。逆断層は圧縮する応力により生じます。断層付近の地表では揺れが大きくなり，また逆断層による地震では総じて隆起側で被害が大きくなる傾向があるともいわれています。引っ張り合う応力により生じるのが正断層です。正断層では断層面を境にして，一方がずれ落ちる形になります。また，応力が断層線に対して斜め方向にかかることにより大地が**図１**の下のように横向き方向にずれるのが横ずれ断層です。

断層活動は地形形成にも関与してきました。断層による隆起は山脈を，沈降は盆地や低地をつくります。現在の日本の多くの山脈や盆地が断層活動により形成されています。日本には今後いつ活動するかわからない千本以上の活断層があるといわれています（**図２**）。

こうした活断層が私たちの暮らす足下で活動すると，直下型地震になります。直下型地震では地震の規模が小さくても，震源が浅ければ大きな被害をもたらすことがあります。国土地理院では大地震の際に大きな被害が予想される都市域とその周辺について，活断層の位置を表示した活断層図を公開しています（p.177参照）。

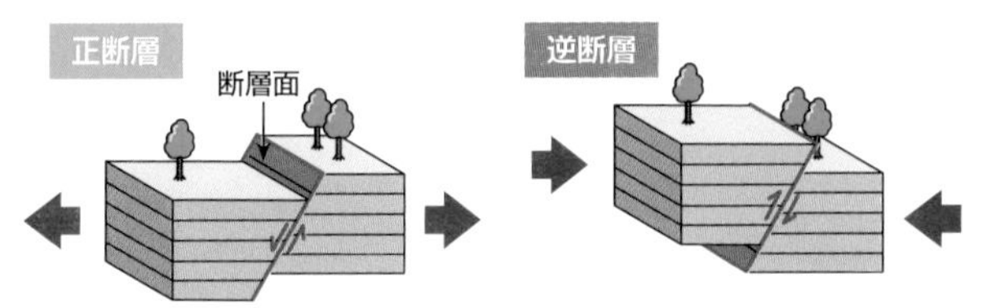

正断層と逆断層は，断層面に対して，横からの力で上下の方向に動きます。

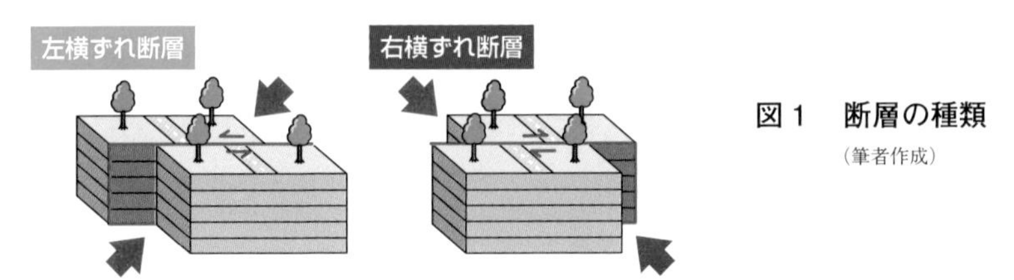

左横ずれ断層と右横ずれ断層は，断層面に対して，斜めからの力で横に動きます。

図１　断層の種類

（筆者作成）

（地震調査研究推進本部）

図２　日本周辺の主な活断層の分布

10 被害を左右する足下の地盤

気象庁は地震の揺れに対して０～７の10階級（震度５・６はそれぞれ弱と強がある）の震度を定めています。これは地点ごとの揺れの大きさであり，地震そのものの規模（エネルギー）を表すマグニチュード（M）とは異なります。地震による揺れの大きさは，地震規模と震源からの距離とその場所の地盤条件に左右されます。一般には震源から近い方が震度は大きくなりますが，地震の揺れには土地の性質も関与しているのです。

一般に，硬い地盤よりも柔らかい地盤の方が揺れは大きくなります。そして地盤は長い時間をかけて硬くなるため，土地の成り立ちが古い（山地や丘陵地，台地など）ほど地盤は硬く，逆に比較的新しい年代に地層が堆積した地盤（低地や谷）は柔らかい傾向があります。地形形成のタイムスケールは人間活動のスケールに比べて非常に長く，数千年前でも「新しい」と考えてください。このことから，盛土や埋め立てのような人工地盤は極めて揺れやすいということがわかると思います。

地盤の影響を強く受けるのは液状化も同様です。東日本大震災では液状化による被害が多発しましたが（p.38参照），液状化した土地の多くは海を埋め立てた場所や，沼や川跡に埋め土した軟弱地盤でした。液状化で大きな被害を受けた地域をみると，千葉県浦安市の住宅地は海を埋め立てた土地，千葉県我孫子（あびこ）市の布佐（ふさ）地区は沼を埋め土して造成した土地（p.184参照），茨城県潮来（いたこ）市の日の出地区は湖を農地として干拓した後に，盛土して住宅地化した土地でした（**図１**）。こうした人工地盤は，地震のゆれも大きくなりやすい柔らかい土地であり，住宅地として利用するのであれば，そのリスクを十分に理解しておく必要があります。

こうした土地の性質や過去の履歴については，さまざまな地形分類図（p.168参照）や，古い地図，航空写真などを調べる（p.184参照）ことで知ることができます。

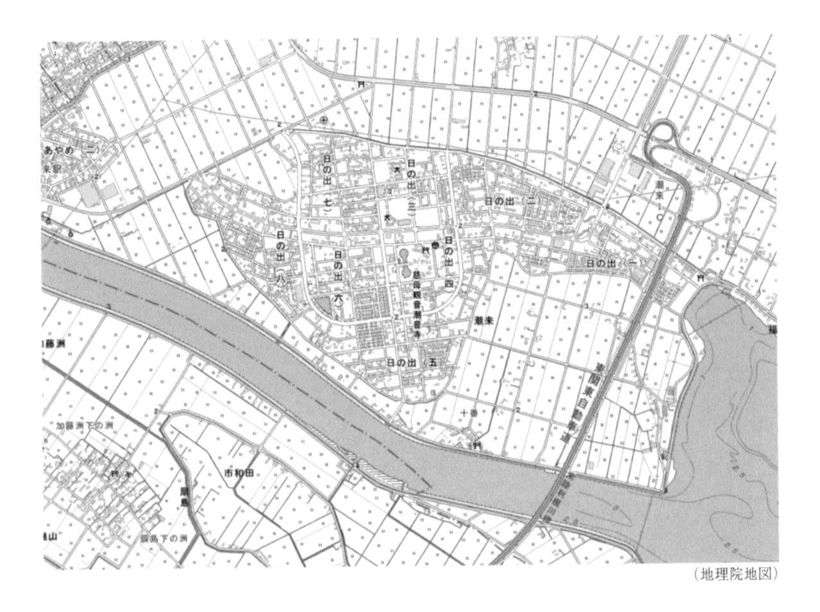

（地理院地図）

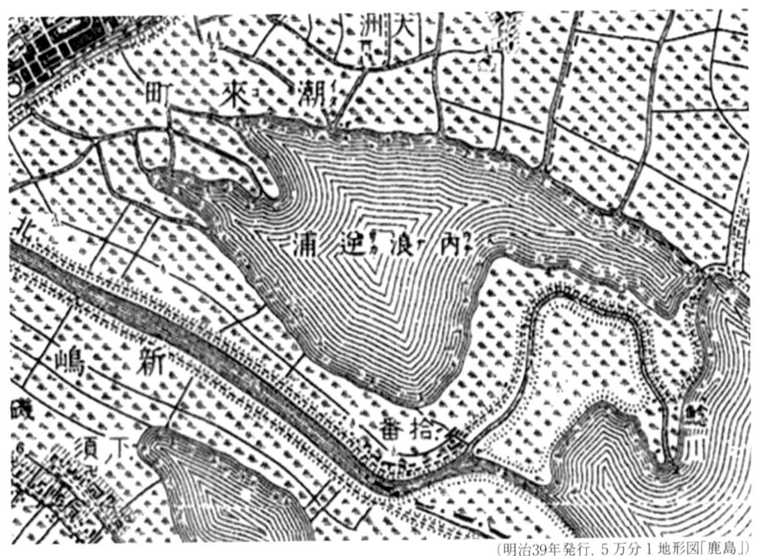

（明治39年発行，5万分1地形図「鹿島」）

図 1　東日本大震災で液状化の被害を受けた茨城県潮来市の日の出地区の現在と明治期の比較

現在の住宅地付近は明治期には湖（内浪逆浦）だったことがわかります。

関連項目　1章⑤（p.38），6章③（p.168），6章⑪（p.184）

11 地震被害から命を守るインフラ

地震から命を守るには，地震発生時に少しでも安全な場所にいることが重要です。屋外であれば崩れる可能性があるような崖がなく，建造物の倒壊やガラス等の落下物を避けられるような広い場所がベストでしょう（それでも地割れや地面の陥没などの危険は考えなければなりません）。

一方，屋内の場合はどうでしょうか。揺れが激しければ家具が倒れたり，時には宙を舞ったりすることもあります。こうしたことを防ぐために家具や電化製品を日頃から固定しておくことが重要です。また,建物そのものが倒壊してしまえばひとたまりもありませんから，建物自体を耐震化することも命を守るための必須条件なのです。

日本では建築物にさまざまな規制を定めています。建物に地震への強度を求めるようになったのは,1923年の関東大震災がきっかけでした。その後,福井地震（1948年）を契機に1950年に建築基準法が定められ,地震への強度が引き上げられるとともに地域別の設計震度が導入されました。さらに1968年の十勝沖地震を受けて基準が強化され,1978年宮城県沖地震を受けて新たな耐震基準が設定されました。このように大きな震災に見舞われるごとに規制を強化していきました（**図１**）。しかしこうした規制は新たに建物を建てる際に守られるべきもので，過去に遡って規制を適用するわけではありません。古い建造物は規制に対応していないケースがほとんどです。

規制とともに，地震に対抗するための技術も進化してきました。文字どおり構造に強度をもたせる「耐震」や，建物と地盤との間で揺れを吸収させる「免震」という技術も開発されました。免震により大地震時の揺れは1/3～1/5程度に軽減され，建物へのダメージばかりでなく，室内の被害も抑えるメリットがあります。また近年では建物にダンパーなどを仕組むことで，振動を低減させる「制震」という技術も一般的になってきています（**図２**）。

もちろん建物の耐震化だけでなく，できるだけ地盤の固い，揺れにく

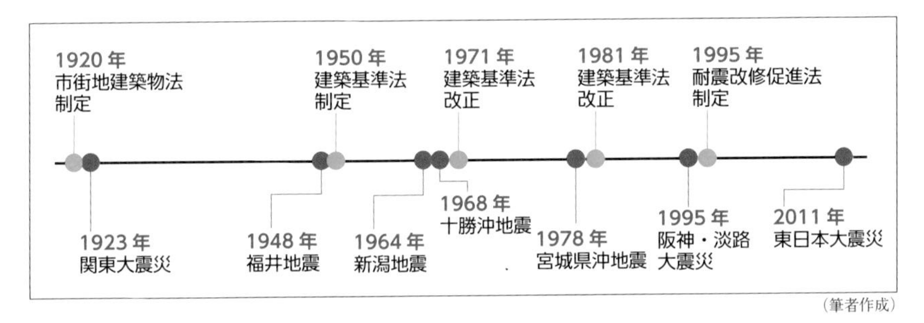

（筆者作成）

図1　建築に関する法律の変遷

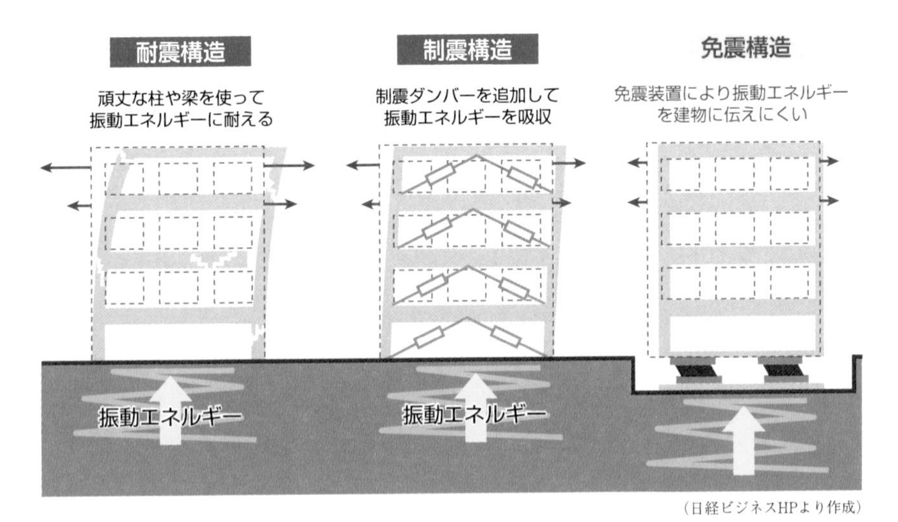

（日経ビジネスHPより作成）

図2　耐震・制震・免震構造の違い

い土地に家を建てることも重要な対策です。また，地震動による被害はもちろん，地殻変動そのものの被害にも対策がされるべきです。例えば「活断層の直上に建造物をつくらない」というのも具体的な対策の一つです。海外では米カリフォルニア州の活断層法による規制が知られていますが，日本国内でも，徳島県が定めた「徳島県南海トラフ巨大地震等に係る震災に強い社会づくり条例」の中で，活断層の位置を調査確認のうえ，その直上を避けることを促している例などがあります。

12 次に警戒すべくは南海トラフ地震？

日本は有史以降も幾度となく大きな地震に見舞われてきました。なかでも比較的短い間隔で繰り返し発生しているのが，プレート境界を震源とする地震です。2011年の東北地方太平洋沖地震もそのうちの一つで，過去にも貞観(じょうがん)地震や慶長(けいちょう)三陸地震などが同じような場所で繰り返し発生しています。そして近い将来に発生が懸念されているのが，南海トラフ地震です。

南海トラフは日本列島の九州から駿河湾の沖合にかけて延びるプレート境界で，過去に何度も大きな地震を起こしてきました。最近では1944年に東海地震，東南海地震，1946年に南海地震が起きました。こうした地震は過去に90～150年間隔で繰り返されているため，21世紀前半に次の地震が起きるのではと警戒されています。

政府は南海トラフ巨大地震の死者数を24万人超と推計しており，南海トラフ地震防災対策推進地域・南海トラフ地震津波避難対策特別強化地域を定めて対策を推進しています(**図1**)。気象庁は南海トラフの想定震源域で一定規模以上の地震が発生した場合などに「臨時情報」を発表することを決めており，対象地域の住民は臨時情報が出された場合，速やかに地震発生に備えた対応に結びつけることが求められます。

もちろん，警戒すべくはプレート境界型地震だけではありません。日本列島には多くの活断層があります(p.46参照)。これらがいつ活動して，阪神・淡路大震災(1995年)や熊本地震(2016年)のような直下型地震を発生させないとも限りません。

首都直下型地震も懸念されています。とくに人口が密集し，政治・経済の中枢機能が集中しているため，その被害は深刻化する可能性があります。

それでは警戒すべきは南海トラフ巨大地震や首都直下型地震だけでしょうか。答えはNOです。変動帯に位置する日本では，過去に各地で大きな地震が起きているように，いつ，どこで大きな地震が発生しても不

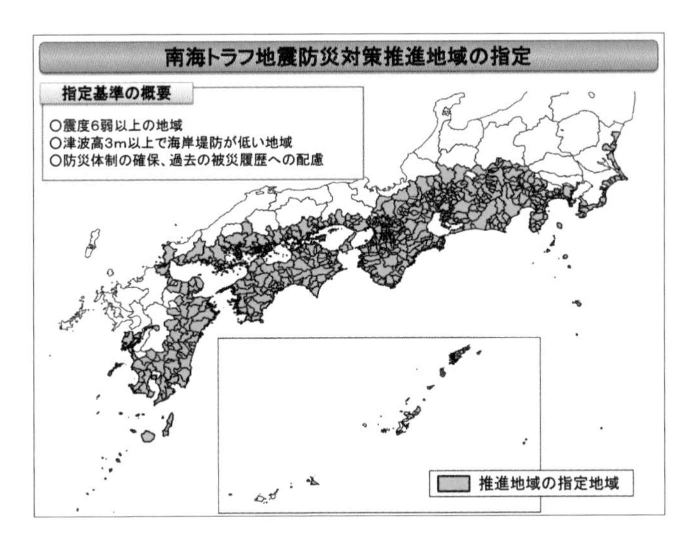

（内閣府資料）

図１　南海トラフ地震防災対策推進地域と
南海トラフ地震津波避難対策特別強化地域

思議ではありません。可能性が高いとされている南海トラフや首都直下型地震ばかりを注視することは正解とはいえません。私たちはいつ，どこで地震が発生したとしても，自ら を守る必要があるのです。そのためにも自らの住む地域を知り，最善の対策をとることが求められます。

関連項目　１章⑨（p.46）

コラム COLUMN

大地震発生！あなたは誰に助けてもらう？

2016年４月，熊本県熊本地方では，最大震度７の地震が二晩連続で発生しました（14日深夜と16日未明）。地震による直接の死者は50人で，建物の倒壊や土砂崩れの犠牲となりました。また，地震の後に，慣れない避難生活で持病が悪化するなどして218人の方が亡くなりました（災害関連死）。避難所は多くの人であふれ，自家用車で過ごす人もいました。水分をあまりとらずに窮屈なところでじっとしていると，血液の流れが悪くなり，血の塊が肺の血管に詰まると，呼吸困難となる場合があります（静脈血栓塞栓症（じょうみゃくけっせんそくせんしょう）・エコノミークラス症候群）。

多くのボランティアが，食料を持って被災地に向かいましたが，地震による被害で通行可能な道路は限られ，あちこちで渋滞が発生しました。これでは，警察や消防などの緊急車両の通行も難しくなってしまいます。届けられた救援物資も仕分けの人員が足りなかったこともあり，当初は，集積場所によっては山積みになったままのところもありました。

あなたが倒壊した建物に閉じ込められたとき，誰が助けてくれますか？みなさんのお住いの地域には救急車が何台あって，救急隊員は何人いますか？みなさんは何日分の食料を備蓄していますか？皆が食料を備えていれば，ボランティアに持ってきてもらう必要がなくなります。近所の避難所は何人収容できますか？その避難所はお年寄りにとって十分な環境でしょうか？

大きな地震が発生した時，市役所や町村役場の職員や消防署の救急隊だけでは，被災者全員の面倒をみることは不可能です。近隣の人が協力し合う「共助」が機能するように，日頃から地域の中での信頼関係を築いておく必要があります。

熊本地震で起こったことは，日本のどこでも起こりうることです。みなさんの備えは万全ですか？

第2章

火山災害

富士山は日本のシンボルともいわれます。私たち日本人にとって火山はとても身近な存在であり，火山がもたらす風光明媚(ふうこうめいび)な景色や温泉の恵みは全国で重要な観光資源となっています。その一方で，一旦噴火が起きると，人々に甚大な災害をもたらすことがあります。溶岩流や火砕流，噴石が及ぶ危険がある周辺部はもちろん，大量に放出される火山灰は広い範囲に影響を与えます。

大規模な噴火は，時に文明を滅ぼし，歴史を変えてしまう力をもちます。西暦79年に起きたベスビオ火山の大噴火が古代ローマ帝国の都市ポンペイを消滅させた話は有名ですが，日本においても7300年前に起きた鬼界カルデラの巨大噴火で九州の縄文文明が衰退した例や，江戸時代の浅間山噴火とそれに伴う大量の火山灰が大飢饉をもたらし，幕府が窮地に立たされたなどの例があります。

2章では火山がもたらす災害について考えます。

1 予測できなかった御嶽山の悲劇

2014年 9 月27日午前11時52分，長野県・岐阜県境の御嶽山が突然噴火しました。おりしも紅葉シーズンの週末，好天という絶好の登山日和であったことに加え，昼食に差しかかる時間でもあり，山頂付近には多くの登山者がいました。噴火により放出された大小の噴石が登山者を襲い，死者58人，行方不明者 5 人という国内における戦後最悪の火山災害となってしまったのです(**写真 1，図 2**)。

御嶽山は1979年の水蒸気噴火をはじめ，1991年と2007年にも小規模ながら水蒸気噴火を記録するなど活動的な火山ではあったものの，当日まで明確な前兆現象はなく，気象庁が発表する噴火警戒レベルも「1（平常）」(※2015年より噴火警戒レベル 1 は「活火山であることに留意」に変更)のままでした。近年ではGNSS(衛星測位)や人工衛星の合成開口レーダー（p.198参照)などさまざまなセンサーによる観測で，地下の膨張など噴火につながる異変を捉えることが可能になっていますが，2014年の噴火ではわずかに山頂付近の傾斜計（傾斜の精密観測で山体の膨張などを観測)が10分前に山体の変化を捉えたにすぎませんでした。

噴火直後には火砕流(噴火で生じた高温のガスと火山灰，軽石など火山砕屑物が混ざり合って斜面を急速で下る現象)が発生しました。火砕流は比較的弱かったものの，登山者の視界が奪われたところへ，噴石が飛来したことで多くの命が奪われました。噴火形式はマグマが直接噴出するようなものではなく水蒸気が噴き上げるタイプで，その規模も1991年の雲仙・普賢岳の噴火の400分の 1 程度と，過去に国内で起きた噴火と比べれば小規模なものでした。それでも戦後最悪の犠牲者数となってしまったのはなぜなのでしょう。

噴火が秋の行楽シーズンの日中という，人の多いタイミングで起きたことは不運でしたが，火山噴火への警戒が不足していたことも大きな要因です。

火山の活動は人が制御できるものではないことはもちろん，噴火の予

写真１　噴火翌日の2014年９月28日に国土地理院が航空機より撮影した御嶽山頂上付近

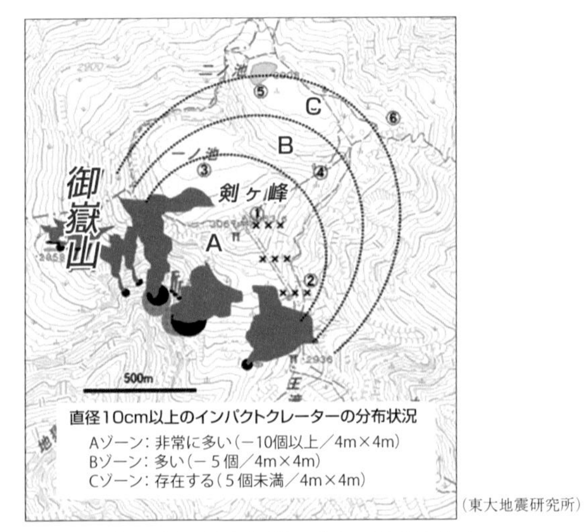

（東大地震研究所）

図２　2014年９月27日の御嶽山噴火で放出された噴石の山頂付近における分布状況

知・予測にも限界があることは，多くの火山学者が認めています。活火山の登山にあたっては，噴火警戒レベルも含めた事前情報は完全なものではないことを理解し，自ら情報収集に努め，ヘルメットの着用や避難ルートや避難小屋の確認など，万が一の際の安全確保を心掛けることが肝要です。

関連項目　２章②（p.58），６章⑱（p.198）

2 雲仙・普賢岳の火砕流

1990年，長崎県の島原半島にある雲仙岳が200年ぶりに噴火しました。1995年まで続いた一連の噴火活動の中でも，特に衝撃的だったのが，1991年6月3日に発生し，死者・行方不明者43人，負傷者9人を記録した大規模な火砕流災害でした（**写真1～3**）。

火砕流の引き金となったのは，普賢岳の溶岩ドーム（溶岩円頂丘）の崩壊です。溶岩ドームは粘性が高いマグマが地表に現れ固まったものです。5月下旬から溶岩ドームが成長を続け，一部が崩落して小規模な火砕流の発生があったことなどから，島原市は5月26日に一部地域に火砕流の避難勧告を発令しました。しかし報道関係者や学者グループらは火砕流の撮影のため，「定点」と呼ばれた避難勧告区域内の観察ポイントに留まり，火砕流の直撃を受けてしまいました。その「定点」は土石流や火砕流が下ると予想された水無川（みずなしがわ）の谷筋から200m離れ，標高差も40mあったため，火砕流が届かないと認識されていましたが，火砕流は谷を越えて「定点」を襲い，多くの犠牲を出すこととなりました。

災害の背景には，時速100kmを超える流下速度の速さや，700℃に達する高温など，火砕流という現象の恐ろしさが正しく伝わっていなかったことがあります。そうした中で報道関係者の取材競争が激化したことで警察官や消防団員，タクシー運転手など，避難勧告区域内に多くの人が残るという状況が生まれてしまったのです。

これを受けて，島原市と深江町（ふかえちょう）（現在の南島原市）は自然災害としては初めて人が居住するエリアに警戒区域を設定し，立ち入りを法的に制限する措置をとりました。これによりさらなる人的被害の拡大は防げましたが，区域内の農作物の枯死や家畜の被害，工場閉鎖など経済的ダメージが大きくなりました。そのため，行政機関はその対策を人命重視から経済優先へ変更せざるを得なくなり，警戒区域の縮小が行われました。しかしその後1993年6月に発生した火砕流が住民1人を巻き込み新たな犠牲者を生むなど，長期化する災害の中で，人命保護と経済振興の両立の

写真１・２　火砕流の直撃を受けた旧大野木場小学校は災害遺構として残る（筆者撮影）

写真３　土石流被災家屋保存公園（PIXTA）
これらの家屋に住んでいた人々は避難勧告を受けて避難しましたが，家屋は土石流により２ｍ以上も埋没しました。

難しさを突きつけられます。

こうした犠牲と引き換えに，1991年の雲仙・普賢岳噴火は世界で初めて火砕流の鮮明な映像が記録された災害でもありました。報道で紹介される映像とともに，それまでは火山学の専門用語であった「火砕流」という言葉が，多くの人に知られることとなったことも特筆されます。

3 富士山が噴火するとどうなるのか

宝永噴火（1707年）と貞観噴火（864年）

日本一の高さを誇る富士山が噴火した際の被害や影響については，多くの日本人にとって気になるところです。

富士山の直近の噴火は1707年12月26日に始まった宝永(ほうえい)火口からの噴火でした。噴火は断続的に16日間続き，大量の火山礫(れき)や火山灰が噴出しました。噴火により死者が出たという記録は残っていないものの，当時の社会にさまざまな影響を及ぼしました。

富士山東麓の須走(すばしり)村（現静岡県駿東(すんとう)郡小山(おやま)町）では，高温の火山噴出物により火災が起き，また大量の火山灰の重みにより，ほとんどの家屋が倒壊しました。火山灰は現在の静岡県北東部から神奈川県北西部，東京都，さらには房総半島へも降り注ぎ，河川氾濫や農耕不能，交通路の遮断などの二次被害をもたらしました。被害の大きかった小田原藩は耕作地の復旧がままならず，江戸幕府は被災した村を幕府直轄領に編入し，全国から高役金(たかやくきん)を徴収することで救済資金に充(あ)てました。また，火山灰による河川氾濫を防ぐ治水事業を実施しました。

宝永噴火では，富士山の南東斜面に火口（宝永火口）が形成されました。それ以前の大きな噴火としては，864年の貞観(じょうがん)噴火が有名ですが，この時は富士山の北西斜面にある長尾山から大量の溶岩が流出し，山麓にあった「せのうみ」と呼ばれる湖が溶岩の流入で分断され，現在の西(さい)湖と精進(しょうじ)湖が生まれました。また山麓に広がる青木ヶ原樹海周辺は，貞観噴火の際に溶岩に覆われました。そしてその後，伏流水の恩恵もあり，樹木が育ち現在の森林が形成されました。富士山麓の風光明媚な景観をつくったのも火山の活動なのです。

宝永噴火や貞観噴火など，歴史に残る噴火はいずれも山腹において発生しており，山頂からの噴火は約2300年前にまで遡(さかのぼ)ります。このように必ずしも山頂から噴火するわけではないことも火山防災の難しさです。富士山では宝永噴火以降，静かな状態が続いていますが，時折噴気が観測されるなど活火山としての活動が認められます。富士山火山防災対策協

図1　富士山が噴火した際に予測される溶岩流の到達範囲

(富士山火山防災対策協議会資料)

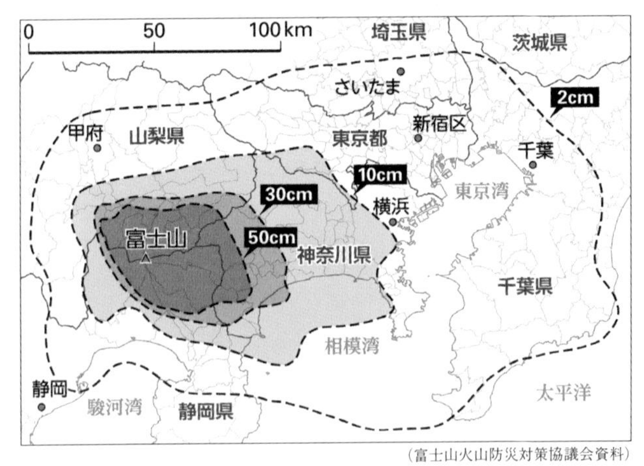

(富士山火山防災対策協議会資料)

図2　富士山山頂で宝永噴火規模の噴火があった場合の降灰予測

議会ではさまざまな防災マップを作成して注意喚起を行っています（**図1，2**）。

4 江戸幕府を揺るがした1783年浅間山天明噴火

近世最大の飢饉は火山噴火がもたらしたのか

長野県・群馬県境にそびえる浅間山(**写真 1**)は，現在でも頻繁に小規模な噴火がみられますが，江戸時代の1783年に大噴火を起こしています(天明噴火，**図 2**)。この噴火はその後の天明の飢饉にもつながり，江戸幕府の基盤をも揺るがすことになりました。

噴火は1783年の５月から始まり徐々に活発化し，８月４日の夜から翌朝にかけて最盛期を迎えました。大量の火砕流と溶岩が流下し，山腹には現在では観光名所として知られる「奇勝鬼押出し」を形成しました。麓の鎌原村(現群馬県吾妻郡嬬恋村)では高速で流下した火砕流と岩屑なだれ(山体の一部が崩壊して流下する現象)が村を襲い，人口570人のうち477人が亡くなりました。現地にある鎌原観音堂では，50段の石段を駆けあがって93人の住民が助かったとされています。現在の石段は15段しかなく，35段は流れてきた土砂に埋まるすさまじいものでした。

この時に流れ出した土砂は吾妻川に達し，泥流となって下流の利根川沿いにも被害を及ぼしました(**図 3**)。泥流は現在の江戸川にも流入し，多くの遺体が打ち上がりました。また，大量の土砂の流入により，水害が激化するようになり，利根川の治水にも大きな影響を及ぼすことになりました。

噴煙は成層圏にまで達し，偏西風に乗って風下に大量の軽石や火山灰を降らせました。火山灰に覆われた耕作地は機能しなくなり，大気中の火山噴出物による日傘効果で天候不順となり，全国的な大凶作をもたらしました(天明の飢饉)。この飢饉により一揆が頻発するなど世情は不安定になり，当時政権を掌っていた老中田沼意次の失脚を招くなど江戸幕府の屋台骨を揺るがす事態に発展しました。

なお，近年の研究によれば，この時の異常気象の原因は，アイスランドのラキ火山で発生した大規模噴火を遠因とする地球規模の現象でもあり，必ずしも浅間山の噴火だけが原因ではないという見方が有力になっています。

写真１　軽井沢の町並みとその北部にそびえる浅間山（PIXTA）

図２　天明３年の浅間山噴火を描いた「浅間山夜分大焼之図」

（美斉津洋夫氏提供）

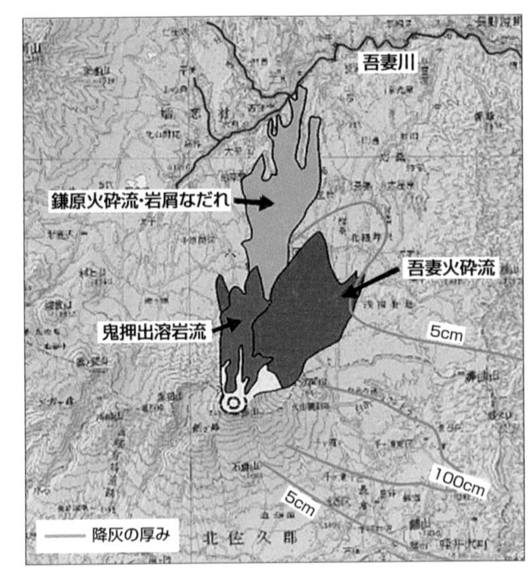

図３　浅間山天明噴火の噴出物の分布

（産総研地質調査総合センター）

5 「島原大変肥後迷惑」とは
今も残る山体崩壊の姿

「島原大変肥後迷惑（しまばらたいへんひごめいわく）」。ユニークな名称とは裏腹の，日本史上最悪の火山災害が発生したのは江戸時代の1792（寛政４）年でした。

1791年秋から島原半島の雲仙岳で始まった火山活動は次第に活発化し，翌年２月には普賢岳が噴火し，溶岩流が山腹の樹木を焼きました。この頃高台には噴火の見物客が集まり，宴会を催す集団もあったといいますが，４月には地震が頻発し，避難する者も多くなりました。そして５月21日,「島原四月朔地震」が発生し，現在の震度６程度の揺れが島原の町を襲うと，雲仙岳の東側，島原の町のすぐ裏にそびえていた眉山（まゆやま）が，轟音とともに大きく崩れ落ちたのです(**図１**)。

崩れた３億4000万㎥にも及ぶ土砂が岩屑（がんせつ）なだれとなって町を直撃し，人も家も田畑も飲み込みながら有明海へと流れ込みました(**図２**)。流れ込んだ土砂は高さ10mの大津波を発生させ，島原ばかりでなく，有明海の対岸にある肥後や天草をも襲いました。さらに肥後の海岸で反射した津波は島原に再び返り，被害を拡大させました。津波は肥後側で標高15～20mまで駆け上がり，宇城市三角（みすみ）町大田尾（おおたお）では22.5mに達したほか,島原半島側では布津大崎鼻（ふつおおさきばな）で57m以上との記録もあります。この時有明海に流れ込んだ土砂は島原の沖に九十九島（つくもじま）という流れ山（山体崩壊により麓に生まれる小山)が点在する景観を生み出しました。

死者は島原側で5000人，肥後側で１万人。おりしも島原藩は藩主松倉重政（まつくらしげまさ）の悪政や1637年の島原の乱で領内が荒廃し,ようやく復興を遂げた矢先でした。そして甚大な被害を被った対岸の肥後にとっては，まったく想定外の大災害でした。

眉山崩壊の原因は火山性地震により崩壊したとする説が有力ですが,眉山自体が火山爆裂したとする説や，眉山山体内で熱水が増大して地すべりを誘発したという説などさまざまあり，メカニズムは完全には解明されていません。

なお,「島原大変肥後迷惑」は日本の災害史上稀（まれ）なケースではあるもの

図 1
島原大変大地図

（肥前島原松平文庫提供）

図 2　眉山の崩壊跡と九十九島（地理院地図より）

の，土砂災害による津波の発生そのものは珍しくありません。1963年にイタリアのバイオントダムで，地すべりによりダム湖で発生した津波が下流の町を壊滅させた例や，1958年のアラスカ南端のリツヤ湾でフィヨルドの斜面が地震により崩壊し，500mを超える津波が発生した例もあります。また山体崩壊は火山においては時折起こる現象で，近代日本が最初に直面した自然災害である1888年の会津磐梯（あいづばんだい）山噴火では，山体崩壊が北麓の集落を壊滅させています。

6 巨大な阿蘇山のカルデラ
どのように形成されたのか

現在も活発な活動を続ける阿蘇山(**写真 1**)。その周囲には南北25km,東西17kmに及ぶ巨大なカルデラが広がっています。この巨大なカルデラはどのように形成されたのでしょう。

カルデラは規模の大きい噴火で地中にあった大量のマグマが放出されることで,空洞となったマグマだまりが陥没して生じる凹地です(陥没カルデラ)。つまり,阿蘇山はもともと非常に大きなマグマだまりを持った火山であり,巨大噴火を起こしたことで現在のカルデラが形成されたのです(**図 2**)。

阿蘇山では26万年前から 9 万年前まで, 4 回の巨大噴火がありました。現在のカルデラを生んだのは 9 万年前の巨大噴火です。この時放出されたマグマ噴出量は384km³という膨大なもので,火砕流は瀬戸内海を越えて山口県にまで達し,九州の半分以上を覆ったと推定されています。また噴出した火山灰は,北海道でも15cmの厚さで地層に残されているなど全国に広く分布しており,いかに規模の大きい噴火であったかがわかります。現在も活動している阿蘇山はカルデラ形成後の活動で生まれた中央火口丘群です(**図 3**)。

このようにカルデラを形成する巨大噴火は,地球規模の環境変化を伴い,生物の大量絶滅の原因となることも珍しくありません。日本にホモ・サピエンスが住み始めたとされるのは約 3 万8000年前とされていることから,阿蘇の巨大噴火は経験していないかもしれません。しかしその後,今から7300年前の縄文時代にも,南九州の薩摩半島南方沖の海底火山(鬼界カルデラ)が破局的噴火を起こしており,放出された火山灰が広く全国に残されています。この噴火により九州の縄文文明は壊滅に追い込まれました。

阿蘇カルデラや鬼界カルデラの巨大噴火は,火山の噴火規模を表すVEI(0 ~8の火山爆発指数)は 7 とされています。このようなVEI7の噴火は日本では過去10万年間で 6 回も発生しています。

写真１　世界でも有数の大型カルデラと雄大な外輪山をもつ阿蘇山（Dreamstime）

図２　巨大噴火により生まれた阿蘇カルデラ（地理院地図の３Ｄ機能により作成）
外輪山の周囲には火砕流台地が広がります。

火山が爆発し、マグマがなくなり陥没する

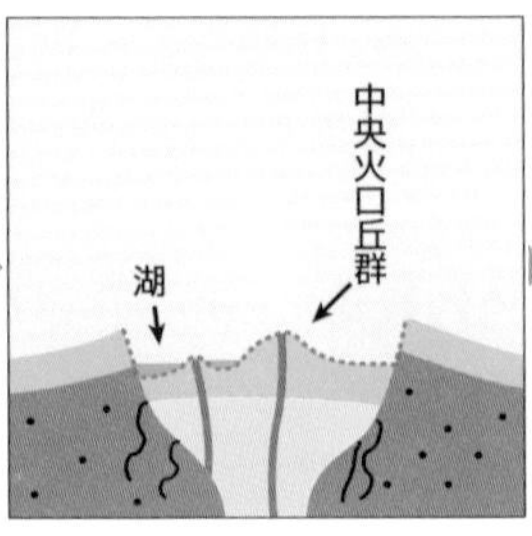

陥没したあと，凹んだ地形であるカルデラが形成される

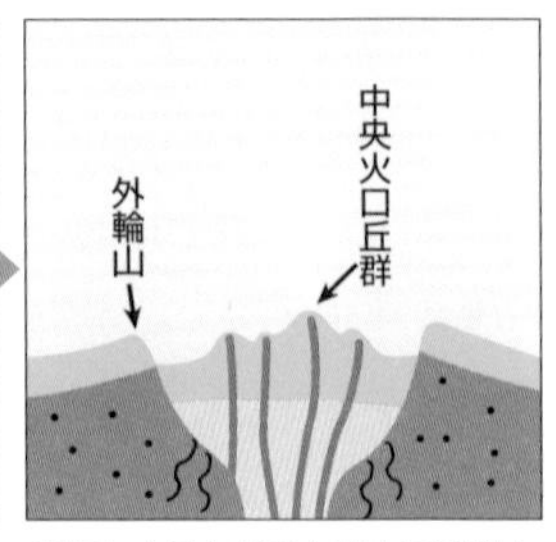

現在も中岳などの中央火口丘群は火山活動を続けている

図３　カルデラの形成（模式図）（阿蘇市資料より作成）

またVEI6に分類される６万5000年前の箱根火山の巨大噴火では，火砕流は現在の横浜市にも到達したことが確認されています。

7 火山災害から命を守る方法

火山災害において事前避難が重要であることはいうまでもありません。しかし正確な噴火予知ができない以上，どのタイミングで避難をすべきかの判断は難しいものです。過去の避難事例を振り返ります。

北海道南部の有珠山は江戸時代以降たびたび噴火を繰り返していることが知られている火山です。東麓では1944年の噴火で生じた溶岩ドームが成長し，標高400mを超える昭和新山が誕生しました。2000年の噴火の際には，火山性地震の分析などから近日中に噴火することが予測され，室蘭地方気象台が噴火前に緊急火山情報を発表することで，住民1万人の事前避難に成功しました。

東京都の伊豆諸島には多くの火山島があります。島内では避難する場所が限られることから，そのタイミングや判断は一層難しいものとなります。1986年の伊豆大島・三原山の噴火では，噴火が山裾にまで広がり，溶岩が集落に迫ったため，全島避難が実施されました。一夜のうちに全島民と観光客を含めた1万226人を島から脱出させる空前の避難となり，島外避難の期間は1か月にわたりました(**写真1**)。

同じ伊豆諸島の三宅島では，島の中央にそびえる雄山が有史以降噴火を繰り返しています。2000年6月から始まった噴火では，火山性地震や水蒸気爆発，陥没カルデラの形成や火砕流の発生に加え，9月には二酸化硫黄の放出が増加しました。そのため，東京都は全島民の島外避難を実施しました。三宅島の島外避難は2005年2月まで4年5か月の長きにわたって続きました(**図2**)。

東京から600km南に位置する鳥島は現在は無人島で，特別天然記念物であるアホウドリのコロニーになっています。島の中央にそびえる硫黄山(394m)のほか，周辺海域にも海底火山が分布し，噴火を繰り返しています。島では1887年から羽毛採取のためのアホウドリの捕獲が行われ，最盛期には300人もの人たちが従事していました。しかし1902年8月，硫黄山で爆発的な噴火が発生し，島の中央に長径800mにも及ぶ大火口

写真１　1986年の伊豆大島全島避難のきっかけとなった火口列噴火

（気象庁HP）

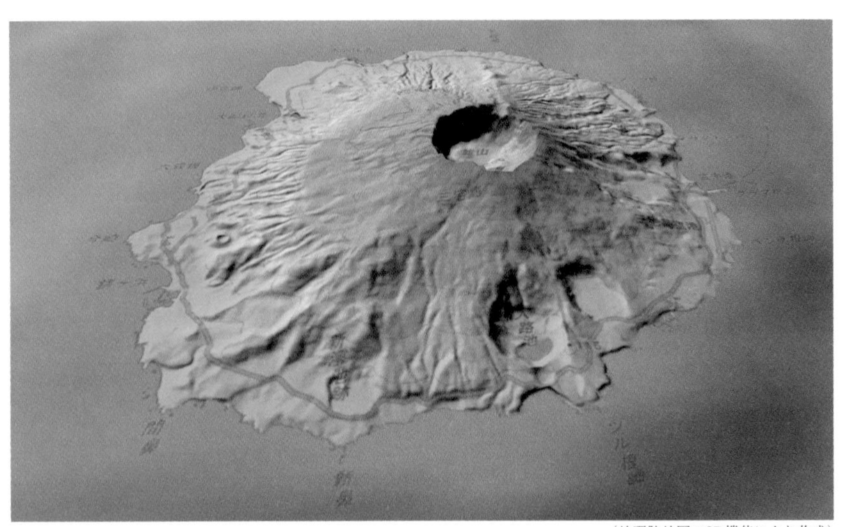

（地理院地図の3D機能により作成）

図２　深いカルデラが刻まれた三宅島の雄山

が出現しました。また，南南西約１kmの海中や島の北西岸でも爆発が起こり，島は噴出物で埋め尽くされ，逃げ場を失った島民125人が全員死亡する惨事になったのです。

火山災害においては避難以外に助かる方法はありません。火山の挙動を常に注視しておく必要があります。

8 火山灰が語る巨大噴火の歴史
降り積もるテフラは年代対比の「鍵層」

火山噴火により，さまざまなものが放出されます。このうち溶岩は，火山体の斜面を流下するため，分布範囲が限定されますが，火山灰や軽石などは，空中に放出されるため，広域に拡散することになります。こうした火山砕屑物(さいせつぶつ)をテフラと呼びます。

テフラは粒径が小さいため，偏西風などの風によって運搬されて遠方まで移動し，地表面に降り積もって地層内に取り込まれます。テフラは噴火時のみ放出されるため，地層の年代特定にも利用できます。2011年の東日本大震災をきっかけに869年の貞観(じょうがん)地震津波が注目されましたが，その津波堆積物の特定は，915年に発生した十和田火山の噴火で放出されたテフラとの前後関係が根拠となりました。

巨大噴火の際のテフラは広域に分布することから，異なる場所での地層の年代対比の指標となります。日本では7300年前の鬼界カルデラ噴火に伴う「アカホヤテフラ」や，２万8000年前の姶良(あいら)カルデラ噴火による「姶良丹沢テフラ」，９万年前の阿蘇カルデラ噴火による「阿蘇－４テフラ」などが全国に広く分布し，地層の年代対比の際の鍵層(かぎそう)として機能しています(**図１**)。

関東平野の台地上に分布する関東ローム層は，富士山や箱根火山など(北関東では浅間山や赤城山など)のテフラが幾重にも堆積した地層として知られてきました。近年の研究では，これらは噴火の際に降下したものではなく，一旦降下したテフラが風により舞い上げられ，再び堆積したものであるという考え方が有力です。ローム層内にはアカホヤや姶良丹沢などのテフラや，富士山宝永噴火など周辺火山の噴出物も確認されています。

ところで，雲仙普賢岳噴火で有名になった火砕流も重要な火山噴出物です。南九州で「シラス台地」と呼ばれるものも，火砕流台地からなり，33万年前の加久藤(かくとう)カルデラ，11万年前の阿多(あた)カルデラ，そして２万8000年前の姶良カルデラの巨大噴火による火砕流堆積物などで形成されていま

（福岡大学HPをもとに筆者作成）

図１　九州の主要なカルデラと阿蘇－４テフラ，姶良丹沢テフラ,アカホヤテフラの分布

https://www.fukuoka-u.ac.jp/column_list/research13/15/11/26162121.html

す。

　このように過去の噴火は地層の中に記録されています。そして全国の地層を調べると，各地で噴火が繰り返し発生していることがわかります。

9 日本にはなぜ火山が多いのか

プレートの沈み込みと火山フロント

気象庁は2003年に,過去１万年以内に噴火した火山および現在活発な噴気活動のある火山を「活火山」と呼ぶことにしました。かつては,歴史時代に噴火記録があり現在も活動しているもののみを活火山としていましたが，実際には火山活動の寿命は長く，歴史時代の活動のみを重視することは適切ではないと判断したためです。この結果,2023年３月現在で日本の活火山の数は111となっています。

日本にはなぜこんなにも多くの火山があるのかを考えてみます。火山は地下で溶けた岩石がマグマとなり，地表や海中に噴出することで形成されます。それではどのような場所でマグマが発生しやすいのでしょうか。日本列島の火山の配置をみるとその理由がみえてきます。

日本列島の火山は，東日本では千島海溝や日本海溝，伊豆･小笠原海溝，西日本では南海トラフなど，海溝とほぼ並行して分布しています。海溝から火山帯までの間には火山はありません。東北地方を例にとると，奥羽山脈から西側には多くの火山がある一方，東側にはまったく存在しないのです。これは火山帯の形成にプレートの沈み込み帯が関与しているからです。

火山帯の最も海溝寄りの火山列を「火山フロント」と呼びます（**図１**）。そこでは沈み込んだ海洋プレートの深さが100kmを超え,高温のためマントルの一部が溶けはじめ，マグマが生じます(**図２**)。溶ける際に，プレートと一緒に沈み込んだ水が融点を下げる形で影響しているという説もあります。沈み込みの角度は海洋プレートごとに一定であることから，火山は海溝とほぼ平行する形で分布することになり，火山フロントが形成されるのです。

日本に火山が多いのは，プレートの沈み込み帯の近くに位置しているからなのです。

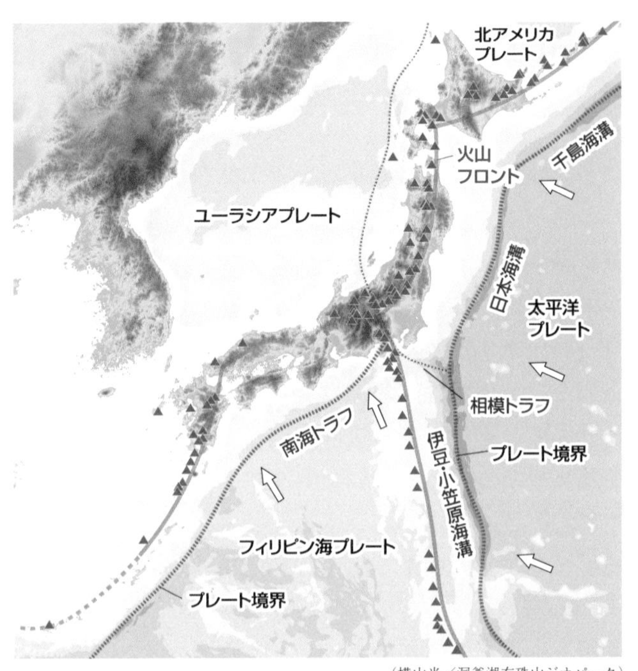

（横山光／洞爺湖有珠山ジオパーク）

図１　日本付近のプレート境界と火山フロント

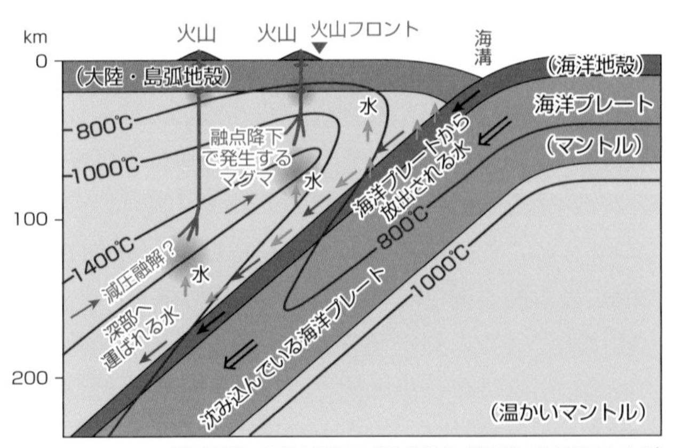

（巽 1986，井田 1986 などから作成，等温線は巽 1995 による）
（大鹿村中央構造線博物館）

図２　沈み込み帯におけるマグマ発生のしくみ

沈み込んでいる海洋プレートがもちこむ水により融点降下が生じ，大陸プレートの下のマントルの一部が溶けてマグマが発生します。

10 火山の豊かな恵みと私たちの暮らし
火山がつくり出したさまざまな観光資源

火山はひとたび噴火すると大きな災害に結びつきやすいことはここまで説明したとおりですが，一方で私たちに多くの恩恵ももたらします。

その筆頭が温泉です。火山の地下にあるマグマだまりは温泉の熱源になるため，火山の近くには多くの温泉が分布します。このような温泉を火山性温泉といいます(**図 1**)。登別温泉や蔵王温泉，草津温泉，箱根温泉，別府温泉など，火山性の名湯は各地にあります。またマグマだまりの熱は地熱として発電や暖房，施設園芸などにも利用されています。

湧き水が豊富であることも挙げられます。火山噴出物は透水性が高いため，地中に沁み込んだ水が地下水として蓄えられ，麓できれいな湧き水となって現れます。静岡県三島市の柿田川湧水群などはその代表例です。

美しい景観を生みだすことも火山の大きな恵みといえます。火山がつくりだした地形や景観は日本各地で重要な観光資源となっています。富士山に代表される美しい山容，阿蘇山の広大なカルデラ，摩周湖や屈斜路湖，支笏湖，洞爺湖，十和田湖，田沢湖など透明度の高い水をたたえる湖も多くがカルデラ湖や火口湖です。会津磐梯山は過去の噴火で山体崩壊を繰り返し，その流れ山にせき止められる形で猪苗代湖や裏磐梯の檜原湖や五色沼の景観を生み出しました。観光客に人気の北海道の富良野・美瑛のなだらかな丘は，十勝岳の噴火により流れた火砕流が谷を埋めることでつくられた火砕流台地です。現在私たちが目にする美しい景観の多くに火山の活動が関与しているのです(**写真 2**)。

火山噴出物は水はけのよい土壌を形成します。園芸で重宝される鹿沼土はその代表例であるほか，南九州のシラス台地は水はけのよさを生かして，サツマイモや桜島ダイコンなど地域の名産を生みだしました。このように火山が私たちの暮らしに与える恵みは枚挙にいとまがありません。火山を考える時には噴火の恐ろしさばかりでなく，こうした恩恵にも目を向けたいものです。

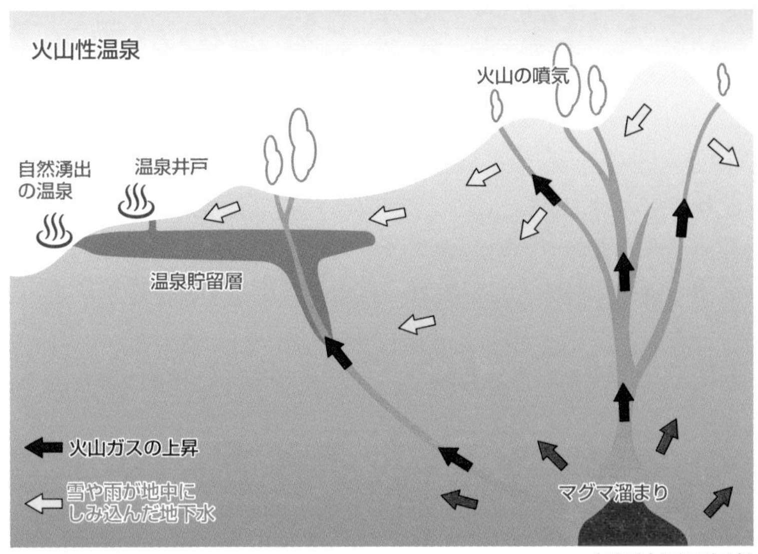

（北海道大学火山勉強会）

図１　火山性温泉のしくみ

（筆者撮影）

写真２　北海道の富良野・美瑛に広がるゆるやかな
火砕流台地とその供給源である十勝岳

11 噴火対策① 安全と経済のバランス

2014年の御嶽山噴火（p.56参照）では麓の集落の住民には人的被害はなく，犠牲者はみな「そこに住んでいない人」であったことに，火山防災の難しさの一端が示されています。

活火山の近くに暮らしていれば，日頃から火山噴火を意識することが多いのに対して，登山や観光で訪れる際には，多くの人はその火山が「もしかしたら今噴火するかもしれない」ことを意識しません。御嶽山の悲劇から学ぶことは，すべての人が火山を認識し，その性質を知ることの重要性ではないでしょうか。

1979年9月，阿蘇山の噴火で噴石が観光客を直撃し，死者3人，負傷者16人を出す事故がありました。阿蘇山は火口見物ができる観光スポットですが，この年の6月から活動が活発化して，火口1km以内への立ち入りを禁止する規制が行われ，火口西へ上るロープウェー（現在は廃止）は運休し，登山道も通行止めとなっていました。しかし，東側から火口へ上るロープウェー（現在は廃止）は運行されており，ロープウェーの火口東駅から展望台のある楢尾(ならお)岳までの間にいた観光客が噴石に襲われました（**図1**）。

この時，気象庁が作成した規制地図ではロープウェー火口東駅も立ち入り禁止区域に入っていましたが，地元の阿蘇火山防災会議協議会が作成した地図では，駅は規制円から外れていたことが問題になりました。

地元にとって火山は重要な観光資源であり，観光収入が地域経済の大きな柱となっているケースも珍しくありません。規制により観光客の足が遠のけば，観光を生業としている人々の生活を直撃し，地域経済にも打撃を与えることになります（**図2**）。安全と経済のバランスの見極めは地域にとって悩ましい問題です。一方で自然は容赦しません。噴火という火山の営みが災害になるかならないかは，人次第であることを思い知らされます。

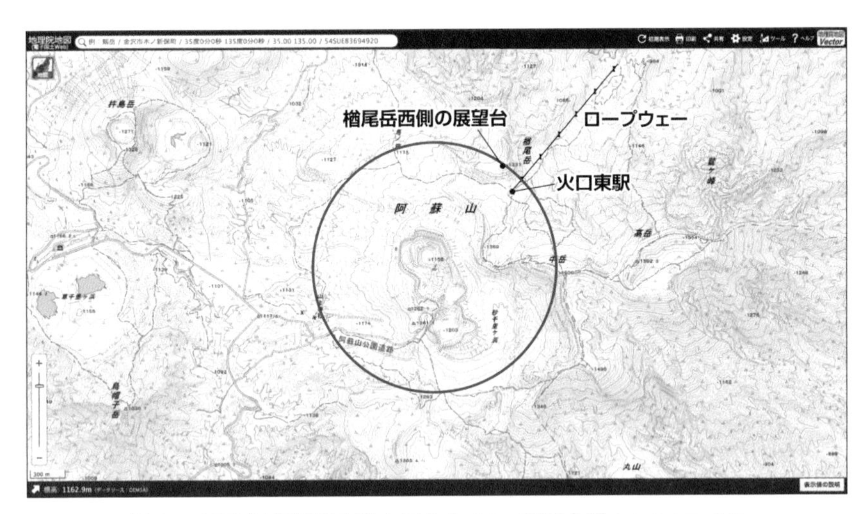

図１　1979年の阿蘇山噴火口から１kmの同心円（地理院地図で作成）

東側ロープウェー火口東駅も規制域内に入っていることがわかります。

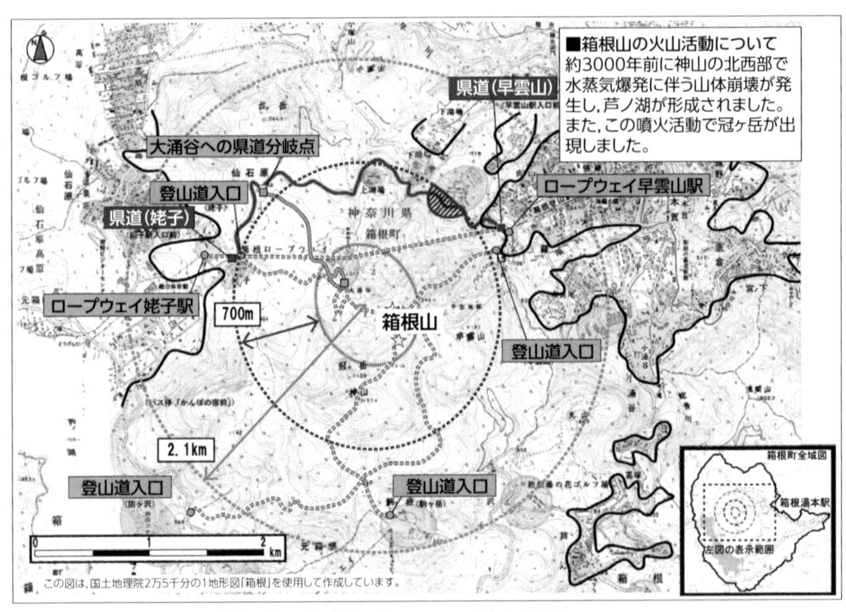

図２　箱根山の噴火警戒レベルに伴う規制（気象庁）

2015年には噴火警戒レベル３となり，火口から700m（青破線内）と赤や黄で示された道路やロープウェーが立ち入り禁止になるなど観光業に大きな影響が出ました。

12 噴火対策② ハード対策の限界

火山が多い日本では，地域ごとにさまざまな火山災害を経験しており，各地で過去の教訓を生かした火山防災の取り組みが行われています。その一つが，ハード対策により被害を軽減するというものです。

噴火から麓を守る設備としては，火山噴火物の流れを抑える施設や，大きな岩石の流下を防ぐスリットダムや砂防堰堤（えんてい），泥流などを堆積させる遊砂地，溶岩流や泥流を安全な地域へ導く導流堤，流出物を安全に流下させる流路の設置などがあります。また，監視カメラ，地震計，ワイヤーセンサーなどの観測機器の設置もハード対策の一部といえるでしょう(**図 1**)。

海外の事例では，ハワイ島マウナロア山，イタリアのエトナ火山などで爆破による溶岩流の流向変更なども行われているほか，アイスランドのヘイマイ島の火山では海水の放水により冷却する方法が一定の効果を上げており，これらは国内でも導入を検討されたことがあります。

登山者対策としては，退避壕（ごう）(シェルター)の設置があります。2014年の御嶽山噴火では噴石が登山者を襲いましたが，山頂近くの山小屋には屋根や壁にいくつもの大きな穴が開き，噴石の破壊力をみせつけました。こうした噴石の直撃を防ぐため，登山道等のところどころに退避壕を設置することで，いざという時に避難してもらおうというものです。

しかしながら，ハード対策の効果には限界があります。例えば火砕流は堰堤や導流堤では止められないことも多く，登山者が高温の火砕流に巻き込まれてしまえば退避壕も無力です。山体崩壊が起きればあらゆる設備をも飲み込んでしまう可能性があります。火山災害の様態は多様であり，局所に被害が集中する例もあれば，巨大噴火のように被害が広域に及ぶこともあります(**図 2**)。こうした条件のすべてにハード対策だけで対応することは難しいのが現実です。

火山災害と向き合うにはハード防災に頼るだけでなく，火山の挙動を知り，早めに避難行動をとるというソフト対策がなにより不可欠です。

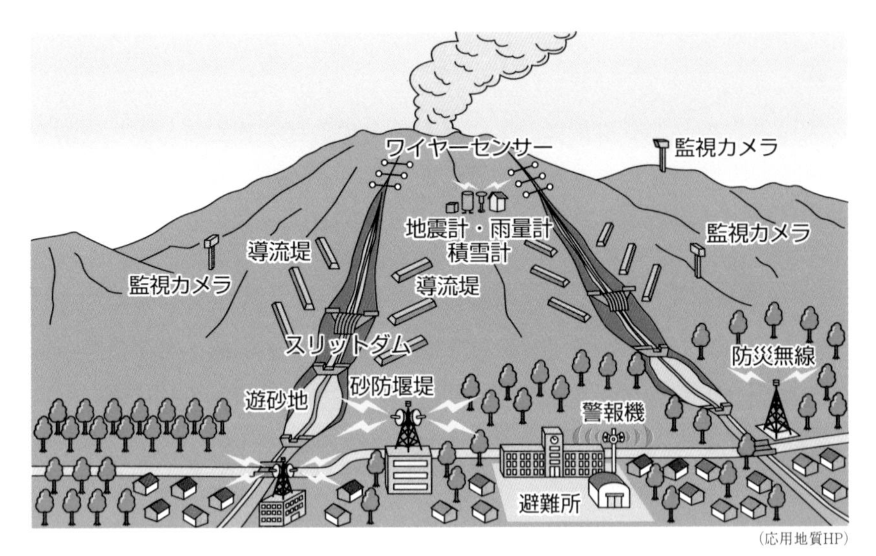

（応用地質HP）

図１　火山噴火から麓を守るさまざまな対策

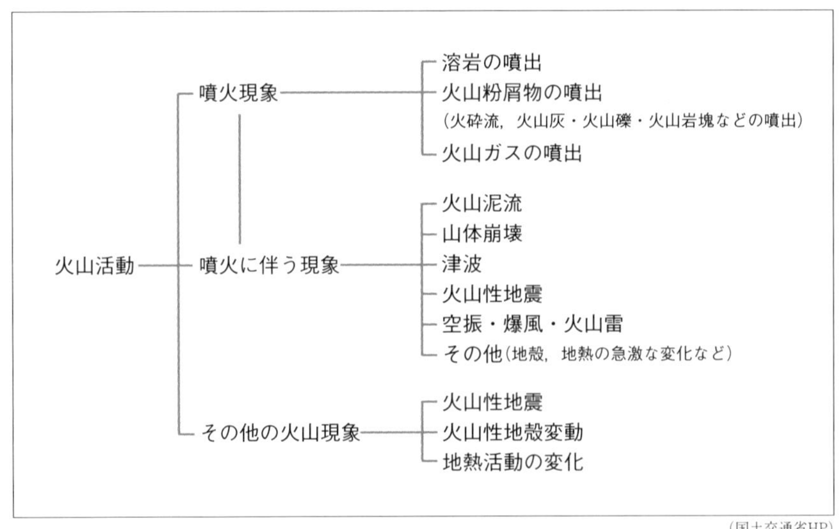

（国土交通省HP）

図２　火山活動に伴う，災害を招く多様な現象

13 噴火対策③ いのちを守るための避難行動

火山災害のソフト対策は，早期避難の実現に尽きます。しかし一刻を争う中で大勢の住民を混乱なく避難させることは簡単ではありません。その時に備えて，どれだけ平時に準備をしておけるかが重要になります。火山災害は甚大化・広域化するケースも多いため，発災時には国・県・市・関係機関等の連携した準備も進める必要があります。

現在，火山ごとに設置された火山防災協議会が市町村や関連機関と連携しながら，噴火シナリオやハザードマップの作成や，それに基づいた避難計画等の策定などに取り組んでいます。地域によっては各機関が連携した演習や，さまざまなシミュレーションに基づいた総合防災訓練なども行われています。

火山噴火に際しては，迅速かつ正確な情報の伝達も求められます。気象庁は全国111の活火山について，居住地域や火口周辺に危険を及ぼすような噴火の発生や拡大が予想された場合に噴火警報を発表しており，一部の火山では，より具体的な指標として，「警戒が必要な範囲」と「とるべき防災対応」のそれぞれについて，5 段階の噴火警戒レベルを運用しています。こうした情報に基づいて，市町村等は入山規制や避難指示等の防災対応を行います(**図 1，2**)。

火山噴火が比較的頻度が少ない災害であることは，防災を考えるうえでの難しさの一つです。頻度が低ければ噴火の怖さも忘れがちです。また過去の経験に頼れないため，実際に噴火した場合どのような被害が考えられるのか，一人ひとりがイマジネーションで補うことが求められます。いのちを守るには一つひとつの火山の個性を学び，どのようなことが起こり得るのか自ら考えることも重要なのです。火山災害は多様であり，事前のシミュレーションにも限界があります。火山を知り，恩恵も怖さも享受しつつ来るべき時に備えたいものです。

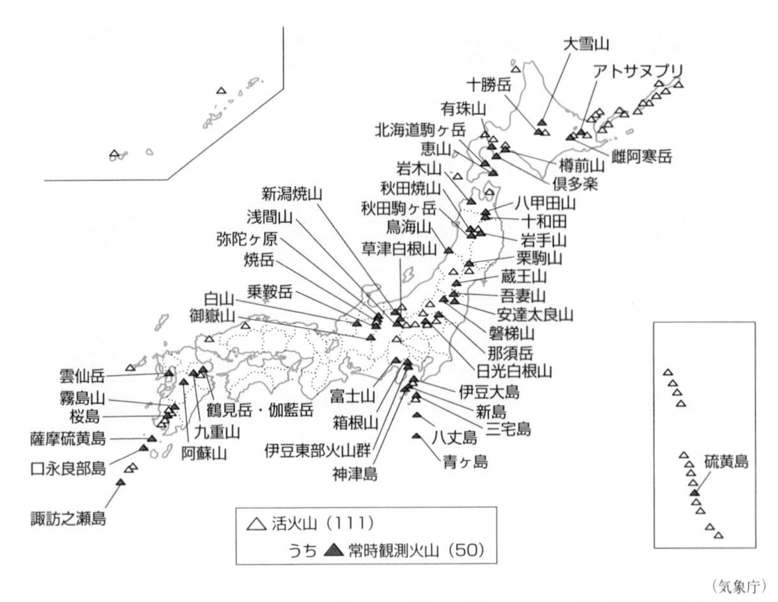

図１　全国111の活火山と24時間体制で監視を続ける50の常時観測火山の分布

種別	名称	対象範囲	噴火警戒レベルとキーワード		説明 火山活動の状況	住民等の行動	登山者・入山者への対応
特別警報	噴火警報（居住地域）又は噴火警報	居住地域及びそれより火口側	レベル5	避難	居住地域に重大な被害を及ぼす噴火が発生，あるいは切迫している状態にある。	危険な居住地域からの避難等が必要（状況に応じて対象地域や方法等を判断）。	
			レベル4	高齢者等避難	居住地域に重大な被害を及ぼす噴火が発生すると予想される（可能性が高まってきている）。	警戒が必要な居住地域での高齢者等の要配慮者の避難，住民の避難の準備等が必要（状況に応じて対象地域を判断）。	
警報	噴火警報（火口周辺）又は火口周辺警報	火口から居住地域近くまで	レベル3	入山規制	居住地域の近くまで重大な影響を及ぼす（この範囲に入った場合には生命に危険が及ぶ）噴火が発生，あるいは発生すると予想される。	通常の生活（今後の火山活動の推移に注意。入山規制）。状況に応じて高齢者等の要配慮者の避難の準備等。	登山禁止・入山規制等，危険な地域への立入規制等（状況に応じて規制範囲を判断）。
		火口周辺	レベル2	火口周辺規制	火口周辺に影響を及ぼす（この範囲に入った場合には生命に危険が及ぶ）噴火が発生，あるいは発生すると予想される。	通常の生活（状況に応じて火山活動に関する情報収集，避難手順の確認，防災訓練への参加等）。	火口周辺への立入規制等（状況に応じて火口周辺の規制範囲を判断）。
予報	噴火予報	火口内等	レベル1	活火山であることに留意	火山活動は静穏。火山活動の状態によって，火口内で火山灰の噴出等がみられる（この範囲に入った場合には生命に危険が及ぶ）。		特になし（状況に応じて火口内への立入規制等）。

図２　火山警報・予報と噴火警戒レベル（気象庁）

コラム COLUMN

噴火の空振が津波を引き起こす？

2022年１月15日13時頃(日本時間)，南太平洋に位置するトンガの海底火山「フンガ・トンガ-フンガ・ハアパイ」で大規模な噴火が発生しました。現地では津波が発生したことから，気象庁も「若干の海面変動がある可能性」を発表しました。しかし実際には津波到達予想時刻よりも早く国内各地で潮位の変化が観測され始め，ところによっては１m超の潮位変化となったことから，気象庁は翌０時過ぎに津波警報・注意報を発表するに至りました。

この潮位変化の原因となったのは，噴火による空振だとされています。空振は爆発の際の急激な気圧変化により発生した衝撃波が空気中を伝播する現象で，この大気の波動が日本付近に伝わった際の気圧の急激な変化の影響で潮位が上昇したと考えられるのです。気象庁はこの潮位変化について，地震に伴い発生する通常の津波とは異なるものの，災害を防ぐために津波警報のしくみを使って防災対応を呼びかけたと説明しています。

日本は過去に遠地地震による津波被害を経験しています。1960年には南米チリ沖で発生したM9.5の巨大地震による津波により，三陸地方などで死者・行方不明142人を記録する大きな被害を記録しています。当時は遠地地震を知るすべもなく，不意打ちで津波に襲われることで被害が拡大したのです。

この時の教訓から，ハワイの太平洋津波警報センターなどとの連携や，気象庁による南鳥島への遠地津波観測計の設置などの対策が進み，遠地地震でも不意討ちのようなことはなくなりましたが，今後は火山噴火による空振も含めた，さまざまな「気象津波」への対応も求められることになります。

図１ フンガ・トンガ-フンガ・ハアパイ火山での大規模噴火（NASA／NOAA）

第3章

水害と雪害

水害とは洪水や高潮など水による災害のことです。大雨になると，大量の雨水が川に流れ込み増水します。数十年に一度の大雨になると，川があふれたりすることもあります。命を守るためには，どうして大雨になるのか，原因を知っておくことが重要です。そして氾濫が発生すると，水は低い土地に向かって流れるため，自宅や学校，職場の周囲の地形を知っておくことも大切です。

雪害とは大雪による災害のことです。冬になると，日本海側の地方では雪の降る日が多くなり，建物の１階が埋まるほどの雪が積もる地域もあります。お年寄りが多い地域を中心に，雪下ろし作業中の事故もあとを絶ちません。雪に慣れていない太平洋側の大都市でも，雪が積もると交通機関が大混乱となります。

３章では，これまで多くの水害・雪害を経験してきた日本における，被害を小さくする対策や，雪国での工夫について紹介します。

1 西日本の広域で発生した豪雨(2018年)

風水害としては，平成で最大の人的被害

2018年7月5日から8日にかけて，西日本には梅雨前線が停滞しました。湿った蒸し暑い空気が大量に流れ込んだことで，活発な積乱雲(雷雲)が次々と発生し，西日本各地で大雨となりました。50年に1度しか起こらないような豪雨となったため，気象庁から西日本の広範囲に「大雨特別警報」が発表されました(**図1**)。特別警報は2015年から始まったものですが，これほど広範囲に発表されたことは，それまでありませんでした。この時の大雨による死者は237人，行方不明者は8人で，平成の風水害としては最大の人的被害でした(内閣府資料)。気象庁は，この記録的な大雨の名称を「平成30年7月豪雨」と命名しました。

広島県内では，がけ崩れ(746か所)や土石流(7660か所)などの土砂災害が相次ぎ，鉄道や道路などの交通網が寸断され，住宅街にも土砂が流れ込みました(広島大学「平成30年7月豪雨災害調査団資料(第四報)」)。広島県呉(くれ)市では，24時間の雨量が309.5mmに達し，1920年以降で1位の記録となりました。ふだんの1年間に降る雨の22%に相当する量が，たった24時間で降ってしまったことになります。また，岡山県倉敷市真備(まび)町では，深夜に洪水が発生し，逃げ遅れた高齢者がたくさん亡くなりました。堤防が決壊した小田川上流の矢掛(やかげ)という観測点では，24時間で184.0mmの大雨となりました。平年(30年平均)の1年間の雨量の16%に相当します。

24時間の雨量が，平年の年降水量10%以上となると，土砂災害や洪水などが起こりやすくなります。同じ100mmの雨でも，地域によって災害の危険度は変わってきます。もともと雨の少ない地域では，より少ない雨量でも大きな災害になることがあります。梅雨前線や秋雨前線が停滞している時に，湿った蒸し暑い空気が続けて流れ込むと，活発な積乱雲が次々とわきあがります。線状降水帯(p.146)が形成されると，これまでに経験したことのない記録的な大雨になります。積乱雲の集団による集中豪雨は，日本列島のどこでも発生するおそれがあります。

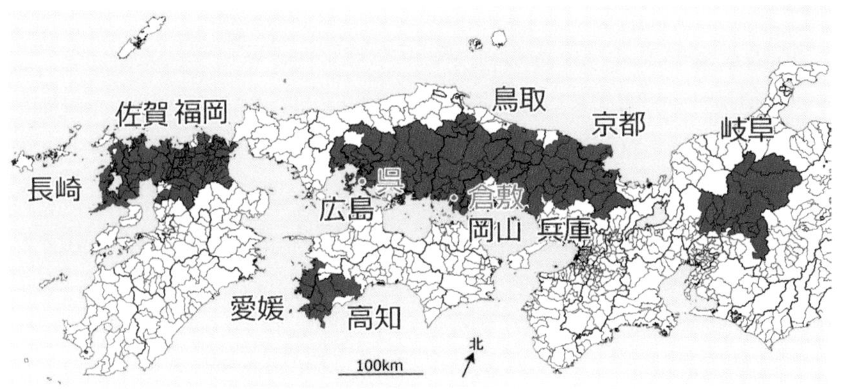

（気象庁資料をもとに作成）

図１　大雨特別警報発表市町村（2018年７月６日～８日）

長崎県から岐阜県にかけて，特別警報発表地域が帯状に連なっています。梅雨前線が停滞したところが，50年に一度の記録的な大雨となりました。

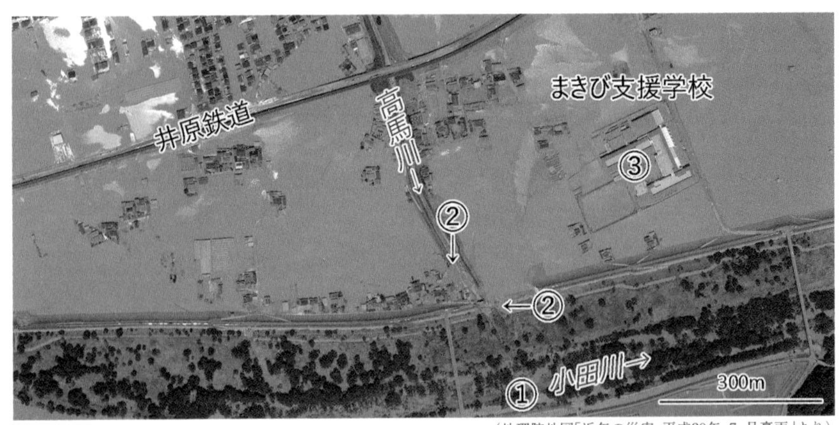

（地理院地図「近年の災害・平成30年７月豪雨」より）

図２　岡山県倉敷市真備町の浸水被害

洪水から２日後の空中写真です。①氾濫した小田川の水位は下がっています。②堤防が決壊しています。③支援学校は２階の床まで浸水しました。

関連項目　5章④（p.146）

2 都市機能を麻痺させた東海豪雨（2000年）

都市を襲った水害

2000年 9 月11日から12日にかけて，愛知県を集中豪雨が襲いました。名古屋市の24時間雨量は534.5mm（年降水量の35%）に達し，観測史上 1 位の記録を104年ぶりに更新しました。庄内川，天白（てんぱく）川などがあふれ，名古屋市内の37%が水没する大水害となりました（**図 1**）。

避難勧告（市町村が発表する避難情報。現在は「避難指示」に一本化されています）が発表されたのが，避難行動が難しい深夜・未明だったことで，大混乱となりました。道路がいたるところで冠水し，鉄道も運行ができなくなりました。オフィスが浸水して，コンピュータなど電子機器が壊れました。地下室や地下駐車場が水に浸かるなど，都市型水害特有の被害が多発しました。「大雨になるとは聞いていたが，これほど大量に雨が降るとは…」名古屋市民はそう感じたことでしょう。沖縄付近に台風はありましたが，東海地方からは離れていました。ただ，本州付近には秋雨前線が停滞していて，台風の東側をまわる湿った空気が大量に流れ込んでいたのです。温度の高い湿った空気は活発な雨雲を発生させ，大雨の原因となります。積乱雲の集団が同じ場所に停滞すると，記録的な大雨となるのです（**図 2**）。

大都市では，地表面がコンクリートやアスファルトで覆われているため，雨水は地面にしみこまず，排水溝から一気に川に流れ込みます。そのため，短時間に非常に激しい雨が降ると，都市河川では水位が急に上昇することがあります。河川敷がないところでは，排水能力に限界があり，増水時の水面が周囲の市街地よりも高くなってしまうことがよく起こります。東海豪雨を教訓として，全国の都市で，堤防の改修やかさ上げ，雨水貯留施設の整備，ポンプ施設の増強などが進められています。

浸水被害は周囲より低い土地で起こりやすいといえます。さて，みなさんのお住まいと周辺の標高は何メートルでしょうか？　近くに河川は流れていますか？　インターネットの地理院地図を使えば，誰でも簡単に調べることができます。地形の様子を確認してみましょう（p.172参照）。

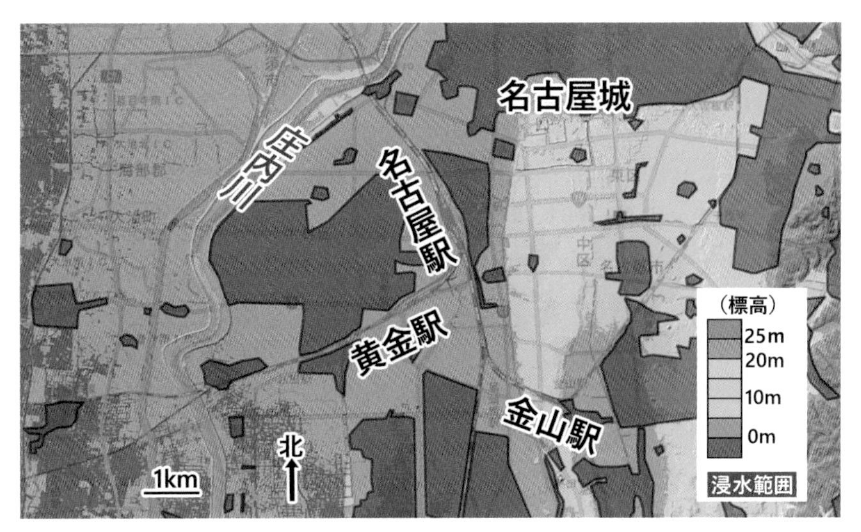

図１　東海豪雨による浸水地域（2000年９月11日～12日）

低地の広い範囲が浸水しました。名古屋駅前も水に浸かりました。台地は低地よりも被害は少なかったものの，まわりより低い場所は浸水しました。（名古屋市緑政土木局作成「浸水実績図」を参考に作図。背景は地理院地図色別標高図）

図２　豪雨時の空気の流れ

台風と前線の組み合わせで大雨となった例は過去にも多数あります。台風の方に目が行ってしまうことが多いのですが，台風の東側から秋雨前線に向かって流れ込む暖湿気が大雨の原因でした。湿った空気は，前線の活動を刺激し，活発な雨雲（積乱雲）の集団が集中豪雨を発生させます。

東海豪雨による愛知県の死者は７人。負傷者107人。住家被害は，全壊18棟，半壊154棟，一部損壊147棟，床上浸水２万2078棟，床下浸水３万9728棟にも及びました。（参考：名古屋地方気象台Web「気象災害の記録」）

（高知大学気象情報ページの雲画像に前線等を加筆）

3 防災政策の出発点となった「伊勢湾台風」(1959年)

今から60年以上前のことです。紀伊半島南部に非常に勢力の強い台風が上陸しました。近畿から東海，北陸にかけて，記録的な暴風が吹き荒れました。愛知県名古屋市や三重県津市，岐阜県岐阜市，静岡県浜松市では，この時に観測された風速の記録が，現在でも破られていません。

1959年はテレビが普及しはじめた時期です。多くの家庭では，ラジオから台風の情報を聞いて，暴風に備えました。台風15号(後に「伊勢湾台風」と呼ばれるようになる)が紀伊半島に上陸したのは9月26日18時過ぎです。東海地方では夜暗くなってから雨や風がさらに強まり，停電で街が真っ暗になりました。電池式ではなかったラジオはもう使えません。

台風が近づくと伊勢湾の海面が徐々に高くなりました。高潮です。台風は中心気圧が低く，空気が軽いのでその分海面が高くなります(吸い上げ効果)。また，伊勢湾の入り口から湾の奥に向かって暴風が吹き，海水が湾の奥に運ばれました（吹き寄せ効果)。名古屋港の海面の高さは，21時35分に東京湾平均海面(Tokyo Peil)より3m89cmも高くなり，大量の海水が堤防を越えてあふれ出しました。臨海地域の工場は壊滅的な被害を受け，貯木場から流れ出した材木が住宅地を襲いました(**図1，写真2，図3**)。

この時の台風による犠牲者は，全国で死者4697人，行方不明者401人に及び，負傷者は3万8921人にも達しました。正確な記録に残る日本の風水害では最悪の被害になりました。暴風雨の中で命を落とした人がたくさんいました。多くの人が荷物を持って逃げようとしましたが，半数以上の人が途中で荷物を棄てました。

高潮被害を教訓に，東京湾や大阪湾でも防潮堤が整備されるようになりました。伊勢湾台風は日本の台風防災の出発点となったのです。なお，堤防は高くなりましたが，東京湾岸では176万人，伊勢湾岸では90万人，大阪湾岸では138万人が0メートル地帯（地表標高が満潮時の海面より低い)に居住していることは忘れてはいけません。

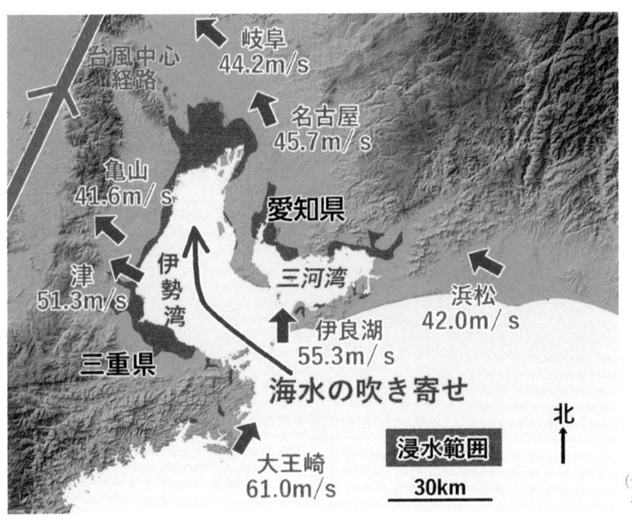

図1　伊勢湾台風襲来時の暴風と高潮被害

風速は最大瞬間風速。赤は高潮による浸水地域(一部河川氾濫)。台風の中心は伊勢湾の西側を北東に進みました。台風に吹き込む暴風は，湾口から湾奥に向かい,吹き寄せにより湾奥での潮位がより高くなりました。名古屋市周辺の浸水被害については，p.165にも地図があります。

(気象庁資料をもとに作成。背景は地理院地図)

写真2　伊勢湾台風による浸水被害(三重県桑名市)

(木曽川下流河川事務所提供)

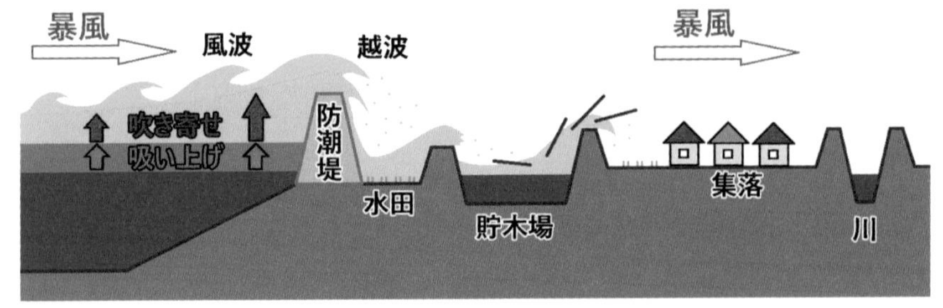

図3　伊勢湾台風の高潮(気象庁資料を参考に作成)

伊勢湾は満潮ではありませんでしたが，台風接近で気圧が低下して海面が高くなり(吸い上げ)。暴風によって吹き寄せられた海水が堤防を越えました。貯木場の材木も住宅を襲いました。

関連項目　6章①(p.164)

4 東京の下町が水没した「カスリーン台風」(1947年)

埼玉県加須(かぞ)市にある利根川のほとりに「決潰口跡(けっかいこうあと)」と文字が掘り込まれた菱形の石碑があります。台風による大雨の影響で利根川が決壊し，大きな被害が出たことを，後世に伝える目的で建てられました。碑文には，「この国土に住む限り治水を疎かにしてはならない」とあります(**図 1**)。

1947年 9 月15日夜に関東に接近したカスリーン台風（台風 9 号）は，関東地方には上陸しなかったものの，東海から，関東，東北にかけての広範囲に大雨を降らせました。荒川上流の埼玉県秩父市の日雨量は519.7mm，利根川流域の群馬県前橋市では357.4mmに達しました(2022年になってもこれらの記録は破られていません)。群馬県や栃木県ではあちこちで土石流が発生しました。全国の死者は1077人，行方不明者は853人に及びました。利根川，荒川，北上川など大きな川が氾濫し，浸水家屋は38万4743棟，被災者は40万人を超えました。

利根川が決壊(9 月15日夜半)した場所は埼玉県内でしたが，溢(あふ)れた水は低地を流れ，およそ 3 日後の19日未明には，東京都葛飾(かつしか)区にも流れ込み，20日までに江戸川区も浸水しました(**図 2**)。

勢力の強い台風は，上陸しなくても広い範囲に大雨を降らせます。集水面積の広い川は，支流の雨水を集めて増水することがあります。上流で大雨となった場合は，台風が通り過ぎて雨が止んでからも，下流では水位がどんどん上がることがあります。台風が来る前から雨が降り続いていたり，上流が記録的な大雨に見舞われた場合は，河川の水位変化に注意しなくてはなりません。

みなさんの家や学校は，洪水に対して安全な台地にありますか？　それとも危険な低地にありますか？　近所には大きな川がありますか？近所の川の上流はどこですか？　かつての水害を伝える自然災害伝承碑は近所にありますか？　地理院地図(p.188参照)で確認しておくとよいでしょう。

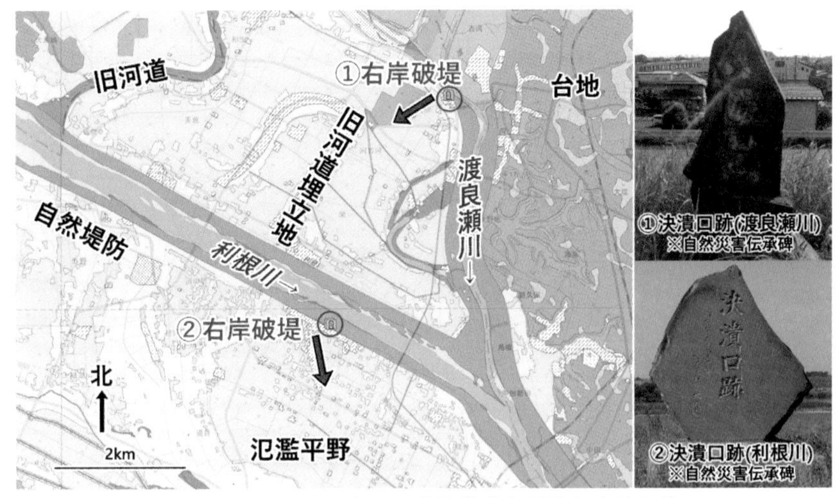

図1　カスリーン台風の自然災害伝承碑と土地条件

渡良瀬川右岸と利根川右岸で堤防が決壊しました。地理院地図には「自然災害伝承碑」の地図記号があり，石碑の内容を確認することができます。背景地図は，地理院地図「数値地図25000（土地条件）」，写真は，地理院地図（自然災害伝承碑）によるもの。

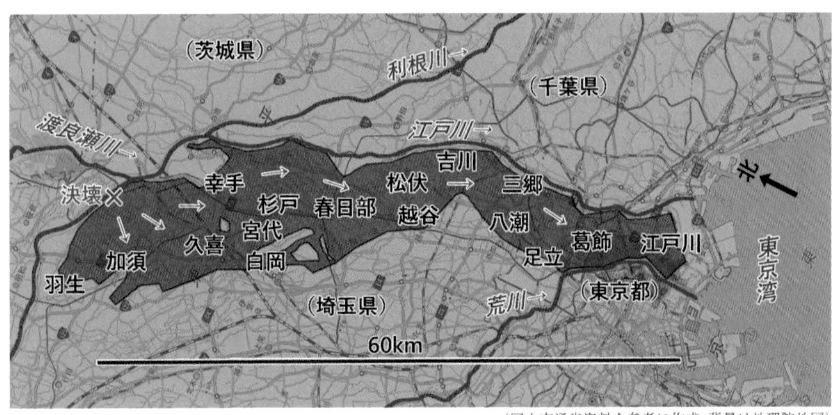

（国土交通省資料を参考に作成。背景は地理院地図）

図2　カスリーン台風による浸水範囲

市区町村名は2022年現在のもの。赤く彩色した部分が利根川決壊による浸水範囲。その長さは60キロにも及びました。

関連項目　6章⑬(p.188)

5 記録的な豪雪に見舞われた北陸(2021年)

交通はマヒ。市民生活に大きな影響

冬，日本海に大規模な寒気が流れ込んでくると，海上で西風と北風がぶつかりあって，長さ1000kmにも及ぶ活発な雪雲の帯（日本寒帯気団収束帯)ができる場合があります。この雪雲の帯がかかる地方で記録的な大雪となることがあります。

2021年１月７日から10日にかけて，北陸では記録的な大雪に見舞われました。特に雪の降り方が強まったのが，福井県嶺北(れいほく)から，富山県西部，新潟県上越地方です。北陸自動車道や国道８号線で立ち往生する車が相次ぎ，物流に大きな影響が出ました。新潟県では山地よりも海岸部の降雪が多く，いわゆる「里雪型」の豪雪となりました(**図１**)。

新潟県上越市高田では,72時間の降雪量の最大が187cmにも達しました。これほどたくさんの雪が降ったのは,35年ぶりのことでした。除雪が間に合わず，鉄道や市内のバスは運休となり，自家用車も車庫から出すことができなくなりました(**写真２**)。徒歩での移動も雪に埋もれながらとなり，市民の生活に大きな影響が出ました。

1月７日から11日までの５日間に降った雪を雨量に換算すると221mmになります。屋根に積もった雪の重さを考えると１平方メートルあたり221kgにもなります。雪国の家は屋根雪の重さに耐えられるように頑丈につくられてはいますが，雪下ろしをしないと古い家は倒壊する危険があります。そして，自分の家の雪下ろしは原則として自分でやらねばなりません。

2020年12月から2021年３月までに,新潟県内では360件の雪による事故が発生し,22人が亡くなっています。死者の８割が65歳以上の高齢者です。大雪による人的被害は，雪が弱まってから遅れて発生する傾向があります。屋根雪の落下に巻き込まれたり，融雪溝に誤って転落したり，除雪車による事故も起こっています。雪下ろし中の事故を防ぐためには，２人以上で作業すること，命綱をつけること，その命綱を安全に固定できるアンカーをあらかじめ屋根に設置しておくことが大切です。

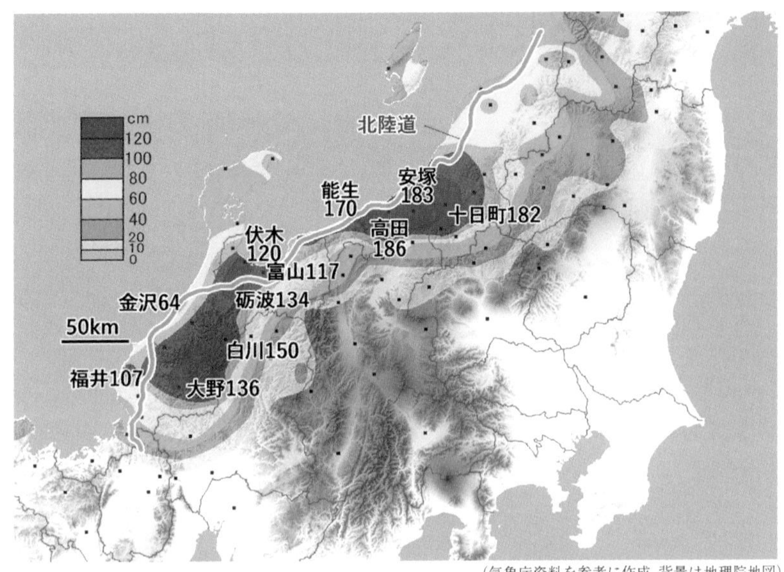

（気象庁資料を参考に作成。背景は地理院地図）

図１　北陸の豪雪（2021年）における72時間の降雪量

新潟県内では山地よりも海岸平野の降雪が多いという特徴がありました（里雪型）。雪に慣れている地域でも交通がマヒ状態となりました。

（えちごトキめき鉄道提供）

写真２　大雪時の直江津駅構内（2021年１月11日）

雪国の鉄道は，線路の除雪だけではなく，ホームや駅前ロータリーの除雪も必要となります。

6 雪に慣れていない地方の大雪(2014年)

日本海側に雪を降らせる原因となるのは北西季節風ですが，太平洋側の降雪は「南岸低気圧」によってもたらされます(**図1**)。気温の高い時は雨になるのですが，気温が2℃以下になると雪が降る確率が高まります。四国沖から東海沖を通って低気圧が発達しながら関東に近づく場合は，湿った大粒の雪が数時間降り続くことがあるので注意が必要です。

2014年2月14日から15日にかけて，関東甲信地方で記録的な大雪となりました。積雪は，山梨県甲府市で114cm，埼玉県秩父市で98cm，群馬県前橋市で73cmに達しました(**写真2**)。道路が通行できなくなり，物流が止まりました。商店では生鮮食料品がすぐに売り切れました。あまりに雪が深く，お店までいけない人もたくさんいました。

東京など大都市が大雪に見舞われると，転倒して怪我をする人が続出します。2018年1月22日，東京都内では大雪による転倒事故など，120人が救急車で運ばれました。翌日以降も路面凍結による転倒者が相次ぎ，1月下旬合計で834人が救急車で運ばれました。湿った重たい雪が電線につくと(電線着雪)，その重さで電線がたわみ，停電が発生することがあります。寒さで暖房を使う人が増え，電力需要がひっ迫することもあります。

雪に慣れていない地方では，大雪への備えがほとんどありません。除雪用のスコップがある家庭は少ないでしょう。タイヤチェーンを用意していない車も多いのです。2014年2月の大雪では，カーポートの倒壊が多く発生しました。雪の重さに耐えられる設計になっていなかったのです。埼玉県熊谷市では24時間で60cmの雪が降りました。この時の降水量は78mmでしたので，雪の荷重は1平方メートルあたり78kgにもなります。雪の重みで農業用ビニールハウスがつぶれて，山梨県ではブドウやモモ，栃木県ではイチゴが被害を受けました。

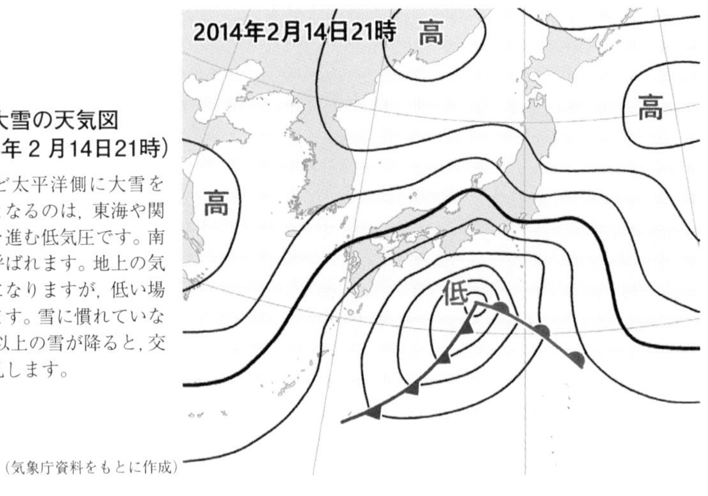

図１　関東大雪の天気図
（2014年２月14日21時）

関東地方など太平洋側に大雪を降らせる原因となるのは，東海や関東の南の海上を進む低気圧です。南岸低気圧とも呼ばれます。地上の気温が高いと雨になりますが，低い場合は雪になります。雪に慣れていない地域に５cm以上の雪が降ると，交通は大きく混乱します。

（気象庁資料をもとに作成）

写真２　2014年２月の大雪時の群馬県前橋市立川町通りの様子（前橋市提供）

これまでに経験のない記録的な大雪となりました。前橋地方気象台による観測では，２月15日８時に積雪73cmに達しました。普段はにぎわう商店街にも車はみられません。

7 台風の移動経路と雨雲
熱帯からやってくる暴風雨

日本では夏から秋にかけて暴風雨に見舞われます。古典文学では「野分(のわき)」と表現されました。現在は「台風」と呼ばれます。気象庁は，台風の進路予報を 5 日先まで発表しています。台風の来襲に備えることで，人的被害を軽減することができます。

台風のもとになる熱帯低気圧は日本の南方で発生します。温かい海上の水蒸気を集めて活発な積乱雲(雷雲)が次々と発生し，大きな雲の渦が形づくられます。南の海で発生したばかりの台風は，はじめは偏東風（貿易風）に流されて西に進みます。そのままフィリピンに進むものもありますが，夏の太平洋高気圧(亜熱帯高気圧)の外側をぐるりとまわって，日本列島に近づくものもあります。本州付近までやってきた台風は，上空の偏西風の影響を受け，今度は進行方向を東向きに変えます。移動速度を増すものもあります。台風が上陸した場合や，冷たい海上に進むと，勢力維持に必要な水蒸気が少なくなり，台風としては衰えていきます(**図 1**)。

台風は，半径200km程度の小さなものから，800km以上の非常に大きなものまで，大きさはさまざまです。特に，大きな台風は広い範囲に大雨を降らせ，流域面積が広い大きな川が氾濫する危険があります。また，梅雨前線や秋雨前線が停滞している時に，台風が近づいてくると，台風が遠く離れていても大雨になることがあります。

台風の強い風は，まわりから中心に向かって反時計回りに吹き込みます。中心に近づくほど風は強さを増します。発達した台風の場合，気象レーダーでドーナツ状の激しい雨域を確認できることがあります。大粒の雨が叩きつけるように降って，暴風が吹き荒れ，屋根瓦が飛ばされたりすることがあります(p.140参照)。大きい台風や動きの遅い台風では，雨の降り続く時間が長くなり，土砂災害や洪水の危険が高まります。

なお，台風は貴重な水資源をもたらしてくれる側面もあります。雨不足で空だったダムを，一つの台風が満水にしたこともありました。

図１　典型的な台風の経路（筆者作成）

黄色の矢印はよく見られる台風の進行方向です。

図２　台風の雨雲（気象レーダー）

2019年 9 月 9 日。令和元年房総半島台風（15号）が関東を直撃した時のものです。画像は気象庁による。ドーナツ状の雨雲の中心に台風の眼が確認できます。

関連項目　5 章①（p.140）

8 梅雨前線・秋雨前線による豪雨

「梅雨前線(ばいうぜんせん)」または「秋雨前線(あきさめぜんせん)」という言葉を耳にしたことがあるでしょう。天気図では，前線が東西に長く表現され，長雨の原因になります。

東アジアの沿岸部では，春の終わりから夏の盛りに向かう過程で，くもりや雨の日がだんだん多くなります。日本や中国では，この時期の雨を「梅雨(つゆ)」と呼んでいます。旧暦では５月頃にあたることから「五月雨(さみだれ)」ともいいます。梅雨の末期には大雨となって，土砂災害が発生し，川があふれたことが，過去にも度々ありました。西南日本では，梅雨の時期の雨量が，一年で一番多くなります。

また，夏の終わりから秋が深まる過程で，くもりや雨の日が多くなる時期があります。この時期の雨を「秋の長雨(秋霖(しゅうりん))」と呼びます。南からやってくる台風と関わりあって，大雨をもたらすことがあります。東北日本では，秋霖の時期の雨量が，一年で一番多くなる地域があります。

テレビやラジオの天気予報で耳にする「前線」は，性質の違う空気の境目のことです。元々は軍事用語で，例えるなら，「暖気軍」と「寒気軍」がぶつかりあって，激しい「戦闘」が行われているところです(**図１**)。前線活動が活発なところでは，南から湿った空気が流れ込み，次々と積乱雲（雷雲）が発生します。積乱雲が一つならば，土砂降りの雨が降っても，災害につながることはあまりありません。積乱雲が集団化して，線状に連なったりすると(線状降水帯)，同じ場所で激しい雨が降り続き，大きな災害になります(**図２**,p.146参照)。

進路を予想できる台風の場合は，事前に水害に備えることができます。一方で，突発的に発生する積乱雲集団は，予想が難しく，不意打ちの豪雨に見舞われてしまいます。前線が停滞していて，蒸し暑い空気が充満している時，「雷注意報」が発表されていたら，最新の気象情報を気にかけておきましょう。川のそばや崖の下に家がある場合は要注意です。ハザードマップが公開されている地域では，危険な場所を調べることができます(p.14参照)。

図１　梅雨前線の様子（気象衛星ひまわり８号による可視画像）

2021年 6 月 1 日正午の雲の様子。日本列島の南に東西に長く，帯状に雲が広がっています。情報通信研究機構（NICT）公開の雲画像に加筆。

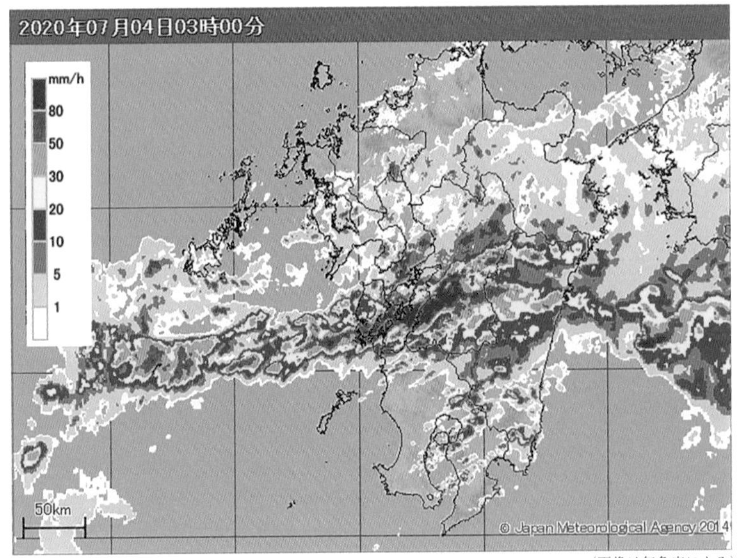

（画像は気象庁による）

図２　気象レーダーが捉えた線状降水帯

活発な積乱雲が直線状の列をなして，同じ場所に停滞することで，記録的な大雨となります。画像は2020年 7 月 4 日午前 3 時のもの。この時の大雨で熊本県を流れる球磨川が氾濫しました。

関連項目　5 章④（p.146）

9 水害の起こりやすい地形

質問です。あなたの家は標高何メートルの土地に建っていますか？　あなたの通う学校は？　職場は？

即答できる人は少ないかもしれません。地形図などで大まかな標高を知ることができますが，インターネットの地図「地理院地図」を使えばすぐにわかります(**図1**，p.182参照)。雨水は重力に従って低い所に向かって流れます。もちろん，蒸発したり，地面にしみこんだりもしますが，大雨の時はほとんどの雨水が地表面を流れます。もし，あなたの家がまわりより低い土地にあったなら，流れ込んでくる雨水で浸水する危険があります。

あなたの家は低地にありますか？　それとも台地ですか？　大きな川があふれると大水害になってしまいます。川のそばにお住まいなら心配でしょう。でも，家が台地にあれば，水害の危険度は小さいです。一方で，川から離れていても，下流の低地の場合は，あふれた水が時間をかけて流れ込んできて，浸水してしまうこともあります。標高がわかる地図を活用して，地形の様子を確認しておくことが大切です。ハザードマップでも浸水想定区域がわかります。どうして，その場所が浸水しやすいか？　について，地形の様子と合わせて考えておくと理解が深まるでしょう(p.182参照)。

大きな川の上流部は，山地の場合がほとんどです。山地で大雨となってから，下流で増水するまで時間がかかります(**図2**)。台風が通り過ぎて，青空が広がってから下流で洪水が起こることもあります。川の上流部の集水域が広い場合には注意が必要です。たくさんの雨水が集まってくるからです。また，川が山地から平野に流れ出るところは，川の勾配が緩やかになり，上流からの泥水があふれやすい場所です。川の合流点も水が集まりやすく，時には本流の水が支流に逆流して，洪水を起こすことがあります。近所の大きな川について，広い範囲の地図を眺めてみましょう。川の「流域」を意識しておくことが大切です。

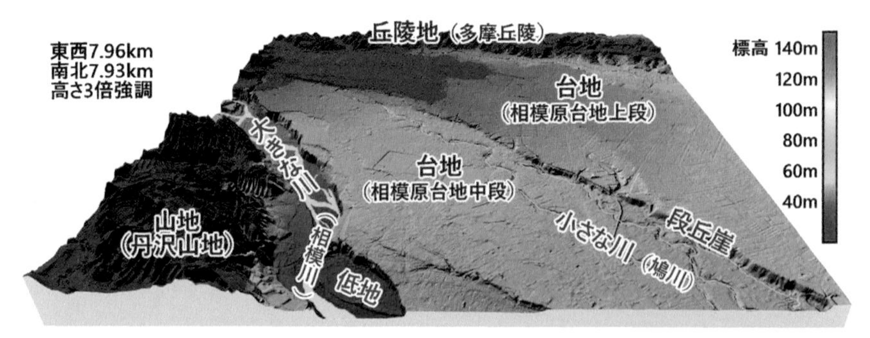

（地理院地図3Dの機能により作成）

図１　河川と地形の様子（神奈川県相模原市付近）

大きな川があふれたとしたら，どこが危険でしょうか？がけ崩れの起こりやすいところはどこでしょうか？

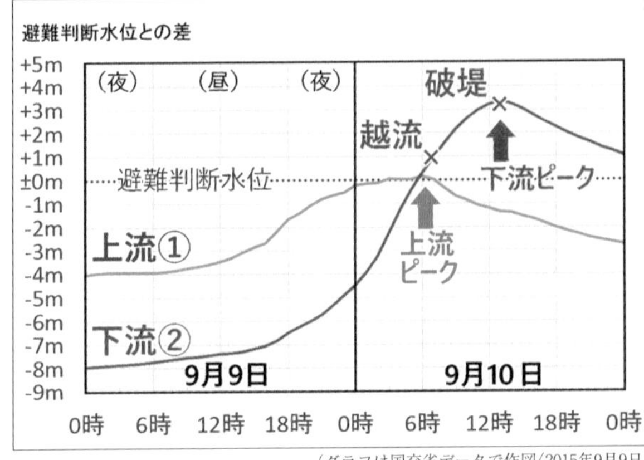

（グラフは国交省データで作図〈2015年9月9日～11日〉，地図背景は「川だけ地形地図」）

図２　“常総市水害”発生時の鬼怒川の水位の変化

上流で大雨となった場合，下流では遅れて水位が上昇します。緑線は上流（栃木県宇都宮市石井）の水位で，赤線は下流（茨城県常総市水海道）の水位です。二つのグラフを比較すると，水位のピークの時間帯が下流の方が遅くなっていることがわかります。常総市若宮戸では川の水があふれ出し（越流），常総市三坂では堤防が決壊しました（破堤）。

関連項目　6 章⑩（p.182）

10 川の周囲を点検しよう

川が屈曲(くっきょく)している部分では，増水した時に，川の流れの外側の水位が高くなるため，外側の方があふれやすいといえます。また，農業用水の取水のために堰(せき)がつくられたところでは，堰の上流の水位が高くなります。堤防を少し高めにつくってある場合が多いのですが，地図を眺めてあふれやすい場所を確認しておくとよいでしょう。かつての川の名残(なごり)である旧河道（p.171参照）は周囲より低い土地で，水害が発生すると大きな被害を受けます。川があふれなくても水がたまりやすい場所です（**図1**）。

市街地を流れる川は，河川幅が狭くなっている場合があります。河川敷（高水敷）を広げて，増水した時の余裕を持っておきたいのですが，川沿いに住んでいる人に立ち退いてもらわなくてはいけないので，用地買収に時間がかかります。堤防の上に桜並木があったりすると，堤防工事をする際に住民の合意がなかなか得られず，工事が遅れたりすることも考えられます。大きな川の整備は進んでいますが，支流の川の整備は遅れているところがあります。

2004年７月の新潟･福島豪雨による新潟県の水害では，川のすぐそばであったにも関わらず，浸水の被害をまぬがれた集落がありました。梅雨の末期の７月13日に，信濃川支流の刈谷田(かりやた)川の堤防が中之島町（現長岡市）で決壊し，市街地や水田が冠水しましたが，自然堤防の上にあった細長い古くからの集落は，水害には遭わなかったのです。自然堤防は，川の両側に洪水のたびに土砂が堆積してできた微高地です。かつて人々は,水害の被害が軽微な自然堤防の上に集落をつくってきました。古い地図を眺めると，昔の人の防災の知恵を読み取れることがあります。（**図2**）

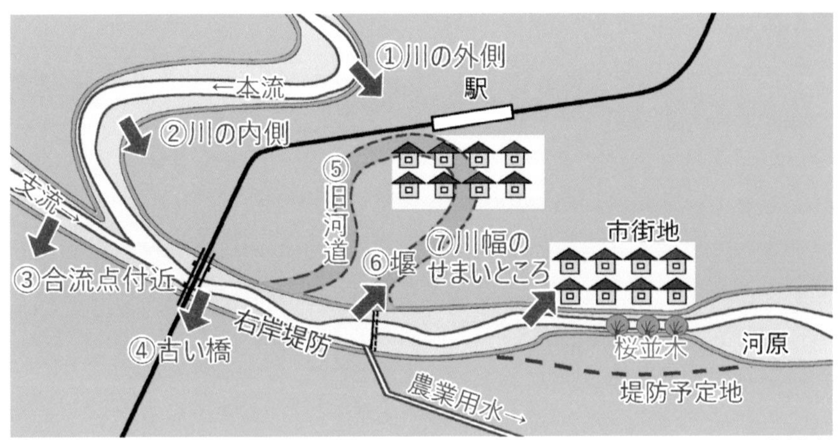

(筆者作成)

図１　水害の起こりやすい場所(大雨の時)

①川の外側では堤防が削られてしまうこともあります。②川の内側でも堤防が低いとあふれることがあります。③川の合流点は水位が急に上昇します。支流であふれることもあります。④古い鉄道橋では，その部分だけ堤防が低くなっていることがあります。⑤旧河道は川があふれると泥水が集まってきます。⑥堰の上流付近もあふれやすい場所です。⑦川が市街地を貫流するところは，川幅が狭くなっていたりします。

(国土地理院空中写真[CCB20074-C3-8]を利用。国土地理院資料を参考に浸水範囲・地名等を加筆)

図２　刈谷田川流域の浸水範囲

新潟県では，2004年 7 月13日に記録的な大雨となり，刈谷田川が決壊しました。川のそばではあるものの浸水をまぬがれた集落があります。自然堤防という微高地に集落がありました。

11 川があふれなくても浸水する

暖かく湿った空気が山にぶつかると，上昇気流を強め，雨雲が発達します。平地よりも山地の方が，雨量が多くなる傾向があります。山地は森林となっている場所が多いのですが，この森林を伐採してしまうと，下流で水害の危険度が大きくなります。樹木の葉は雨粒を受け止めるので，雨水の河川への流出を遅らせる効果が期待できます。このような緑のダムにも限界があって，記録的な大雨に見舞われると，山地では土石流やがけ崩れが頻発します。

上流で土石流が発生すると，増水した川の水が赤茶色に濁ってきます。上流で大規模ながけ崩れが発生すると，川にも流木がみられるようになります。この流木は，流れ下る際に岩や石とこすれあって，あたかも製材所で枝を切り払ったかのような丸太となって流れ下ってきます。上流からの流木が橋の橋脚に引っかかるとやっかいです。橋の部分がダムのようになって，その上流の水位が上昇してあふれ出します。

川の水が増水して，堤防天端(てんば)を越えてあふれだした状態を越水(えっすい)といいます。川の水が堤防まで及んでいる時は，堤防に水がしみこみ，堤防の強度が弱まっています。流れる水が堤防の法面(のりめん)を削り，堤防そのものが壊れることを破堤(はてい)といいます。堤防が壊れると流れ出す水の量が一気に増えます。このように，川の水があふれ出した場合を外水(がいすい)氾濫と呼んでいます。川の水があふれなくても，浸水害が発生する場合があります。排水処理能力を超える大雨となった場合に，低地に水がたまってしまうわけです。これを内水(ないすい)氾濫と呼んでいます(**図 2**)。

大きな川が増水した場合は，外水氾濫の危険が高まりますが，排水路の水を川に流すことが難しくなるため，同時に内水氾濫が起こりやすくなります。都市の地表面は，コンクリートなどの人工地盤でできているため，雨水が地面にしみこむことがなく，雨水は側溝から排水路や下水に一気に流れ込みます。川と合流する場所には排水路や下水がつくられていますが，内水氾濫の起こりやすい場所でもあります。

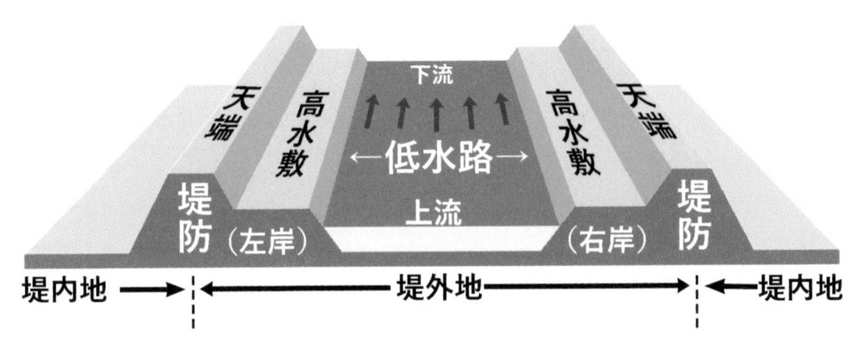

(国土交通省資料などを参考に作成)

図1　河川の横断面

川の水が流れている方向に体を向けて，右側が右岸，左側が左岸になります。ふだん，川の水が流れるところを「低水路」，大雨で増水したときに水に浸かるところを「高水敷」といいます。高水敷は河川敷とも呼ばれ，公園やグランドになっていたりします。堤防より川の方を「堤外地」，農地や住宅など人間の生活空間の方を「堤内地」といいます。

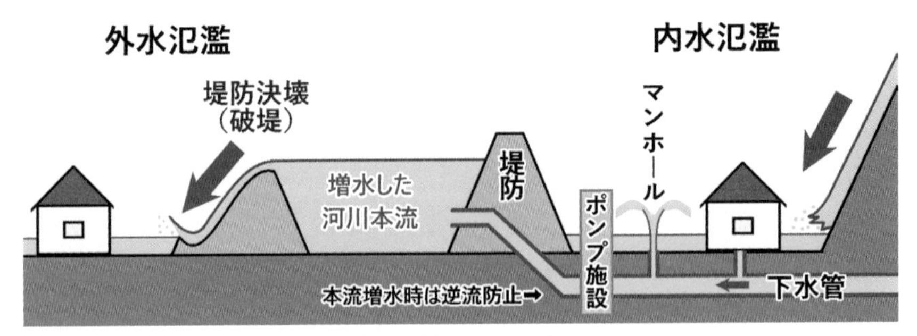

図2　外水氾濫と内水氾濫（筆者作成）

大きな川（河川の本流）があふれてしまった場合を「外水氾濫」といいます。下流で雨が降っていなくても，上流で大雨になったりすれば外水氾濫は発生します。すでに河川の本流が増水している時は，支流の排水が滞り，支流でも川があふれやすくなります。都市の場合は，住宅地に降った雨水の排水が追いつかず，水害が発生することもあります。堤内地側の雨水で浸水する場合を「内水氾濫」といいます。

12 水害対策① 流域治水の考え方

「ながす」「ためる」「とどめる」「そなえる」

水害を防ぐためにはどうすればよいか？　堤防をしっかりつくれば，増水した時にあふれずに済みます。ただ，土砂の供給量が多い川について，堤防で河道をガッチリ固定してしまうと，堆積した土砂で年々川底が高くなってしまいます。堤防をさらに高くすれば，洪水の危険度は一時的に低くなりますが，結果は同じです。長い歴史の中で，周囲の土地よりも川底が高くなった川を「天井川」と呼びます(**図 1**)。

周囲を山に囲まれ,天井川の多い滋賀県では,大雨の時の雨水を安全に琵琶湖に「ながす」対策を，長年行ってきました。天井川の川底を掘り下げる工事をしたり，新たな河道をつくり天井川の水を新しい川に流すようにしました。また，河川内の木を伐採して水の流れをよくしたり，山にトンネルを掘って増水した川の水をすぐに琵琶湖に流れるようにした場所もあります。

加えて,大雨の時に,川に流れ込む水量を減らすための対策もはじまっています。上流の森林において雨水貯留浸透が持続的に発揮されるように条例で定めたり，調節池をつくったり，水田が一時的な貯水池として利用できるようにしました。また,公園やグラウンドの地下に雨水を「ためる」施設をつくりました。

それでも，洪水が発生するかもしれません。連続的に盛土した道路を「二線堤(にせんてい)」として整備したり，集落のまわりを頑丈な堤防で囲ったり(輪中(わじゅう)提)しました。洪水時の濁流を「とどめる」工夫をしたわけです。そして,浸水被害が起こりやすい場所では敷地を嵩(かさ)上げして住居が浸水しないようにしたり，新しい家が建たないようにしました。

一番大切なのは，住民の防災意識です。いざという時にすぐに逃げられるよう避難訓練をしたり，ハザードマップを確認したり，大雨や河川の情報の活用方法を知って「そなえる」ことが重要です。

滋賀県の流域治水(総合治水)の考え方は,「ながす」「ためる」「とどめる」「そなえる」の四つの合言葉で，条例化されています。(**図 2**)

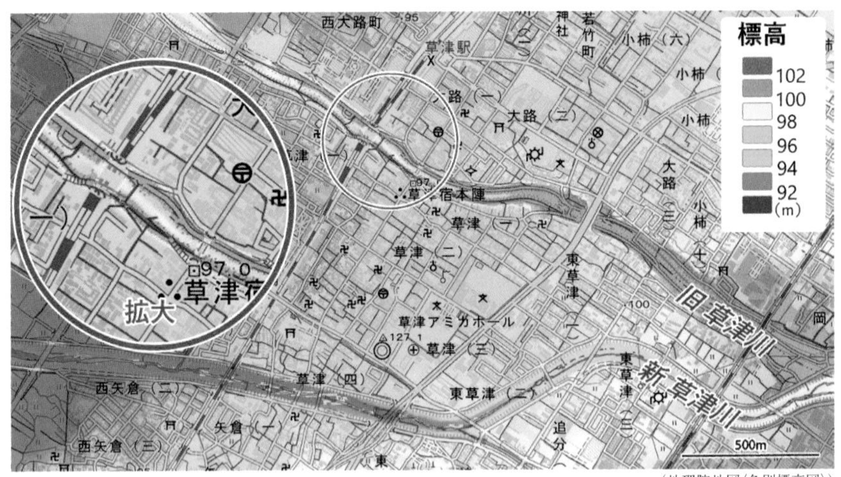

（地理院地図〈色別標高図〉）

図１　天井川の例，草津川の地形図

旧草津川は天井川です。川底が高くなってしまったために，鉄道や道路が川の下をくぐっています。新しい河道がつくられ，洪水の危険度は低くなりました。

（滋賀県流域治水基本方針－水害から命を守る総合的な治水をめざして－）

図２　滋賀県による総合治水対策

ダムをつくったり，堤防を強化したりする対策は以前から行われてきましたが，川の流域全体で治水対策を考えていくことが重要です。別々で行われていた治水対策を結びつけて，さらに住民が参加する形での治水対策を立案することが大切です。

13 水害対策② 伝統的な水害への備え
先人たちの知恵を学ぶ

400年近く前に甲斐国(現在の山梨県)では，大雨の度に洪水が起こり，農民は困っていました。扇状地を流れる御勅使川(みだいがわ)は，普段の水量は少ないものの，大雨になると濁流となりました。釜無川(かまなしがわ)(富士川)にほぼ直角に合流していたので，御勅使川合流点の対岸であふれ出す土砂が田畑を埋め尽くしてしまうことがありました。甲斐国を治める武田信玄は，家臣に命じて，御勅使川と釜無川の治水工事に着手しました(**図 1**)。

まずは，扇状地の扇頂付近に「石積み出し」をつくりました。御勅使川の水を左岸へ誘導するために，右岸から川の中央に突き出す，8 列の石積みをつくったのです。その下流(扇央付近)には「将棋頭(しょうぎがしら)」をつくりました。上空からみて将棋の駒のような形をした石積みで，御勅使川の流れを分けて，川の勢いを弱めることにしたのです。そして，人工的な水路を整備し，御勅使川と釜無川の合流点付近には「十六石」という大きな石を置いて，合流点を固定したようです。ここの対岸は「高岩」と呼ばれる崖になっているので，御勅使川が濁流となって流れ下ってきても，崖にぶつかって水流が弱まることになります。

釜無川本流には，堤防を整備しました。「信玄堤(しんげんづつみ)」と呼ばれています。堤防周辺に，クリやエノキ，ヤナギ，サクラ，クルミ，ケヤキなどの木を植えました。また，河原には丸太を組んで石で固定しました(聖牛(ひじりうし))。いずれも濁流を弱めて，堤防が濁流に削られないようにする工夫です。さらに，「霞堤(かすみてい)」と呼ばれる不連続堤防をつくりました。信玄堤が決壊して洪水が発生しても，下流の霞堤の開口部から氾濫した水を川に戻すようにしたものと考えられます(**図 2**)。

武田信玄の時代には，牛，馬，人力で工事をしました。自然の猛威を構造物で抑え込もうという発想ではなく，川が暴れても被害が小さくするように工夫したのです。

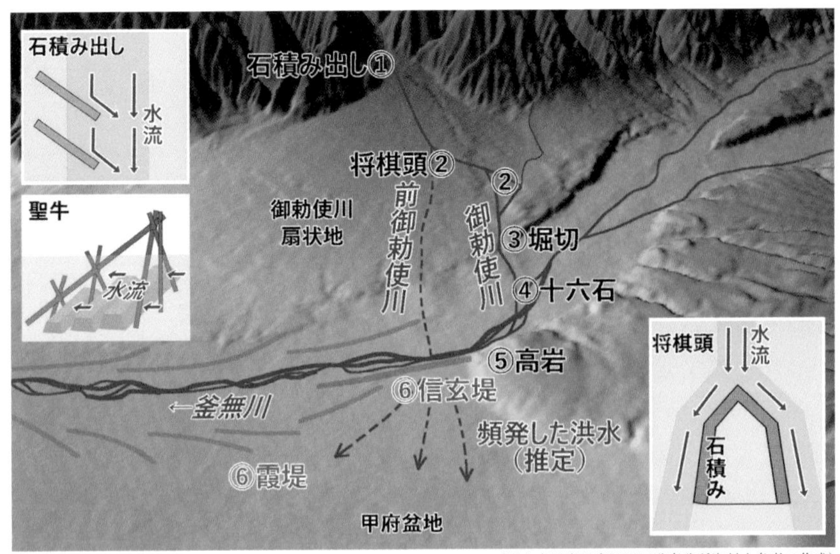

（国土交通省甲府河川国道事務所資料を参考に作成）

図１　武田信玄による治水対策

大雨の時に扇状地を流れ下る濁流（旧御勅使川）は，たびたび洪水を起こし，釜無川を越えて，甲府盆地にあふれ出すこともありました。武田信玄は家臣に命じて御勅使川の流路を変える工事を行い，より上流で釜無川に合流させるようにしました。濁流を高岩（崖）にぶつけて水流を弱め，信玄堤を築くことによって洪水を防いだのです。

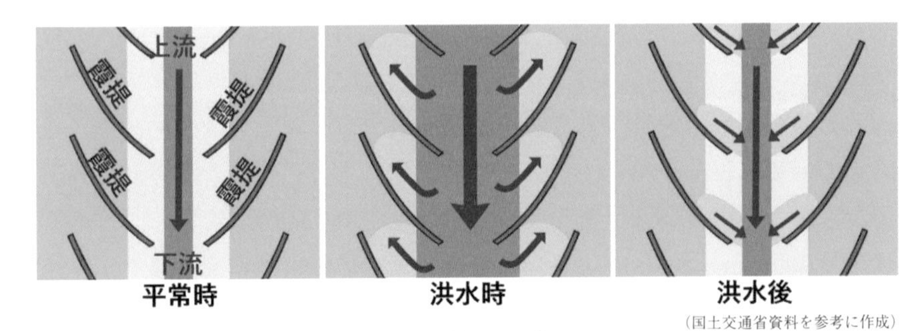

（国土交通省資料を参考に作成）

図２　霞堤のしくみ

霞堤は切れ目のある堤防で，上流側に川から離れた方向に伸びた構造となっています。川が増水して水があふれ出していても浸水は上流側に広がるので，流れのある濁流にはなりません。川の水位が下がると，自然に水は引いていきます。

14 水害対策③ 気象・水害情報を活かす

水害から身を守るために，まずは水害ハザードマップを眺めてみましょう。地図が苦手な人もいるかもしれません。トイレに貼って，毎日眺めていれば，情報を読み取れるようになるはずです。住んでいる地域や学校・職場が，浸水被害に遭いやすい場所なのか，浸水した場合にはどの位の深さになるのか，安全な避難場所までのルートも含め，確認しておくとよいでしょう(p.16参照)。

ハザードマップはどんどん進化しています。インターネットでは,「動くハザードマップ」と呼んでもいいような新しい情報もみかけるようになりました。河川を管理している国土交通省が公開している「浸水ナビ」では，堤防が決壊した場合にどのように浸水域が広がっていくか，アニメーションでみることができます。起こって欲しくないことですが，起こったらどうなるかを想像できれば，避難などの対策を立てやすくなるでしょう（**図 1**）。また，気象庁は「洪水キキクル（洪水危険度分布）」を公開しています。アメダスの雨量計や気象レーダーなどから，河川ごとに最新の洪水の危険度が色で表現されます。洪水の危険度が高まる場合，黄色から赤，薄紫，濃い紫と色が変化します。情報は10分毎に更新されるので，近所の川の危険度が高まっているのかどうかを確認できます（**図 2**）。

国の機関や都道府県，あるいは市区町村では，河川カメラの映像を公開しているところがあります。また，実際の水位の情報が示されている場合もあります。危険を冒してまで，増水した川の様子をみに行く必要はありません。これら，最新の防災情報を地域の皆さんで共有して，避難行動に役立てるとよいでしょう。

ハザードマップは市町村が作成するものですが，地図づくりに町内会が協力している地域があります（p.202参照）。自分たちの命を守るために自分たちで地図をつくる取り組みは大切です。

図１　国土交通省「浸水ナビ（地点別浸水シミュレーション検索システム）」

東北本線の鉄橋付近で荒川右岸が破堤した場合のシミュレーションです。堤防の決壊地点は，地図上の青丸印で選択できます。40分後には，赤羽駅入口の交差点付近で，大人の膝の高さの浸水が想定され，避難は困難となることが想定できます。

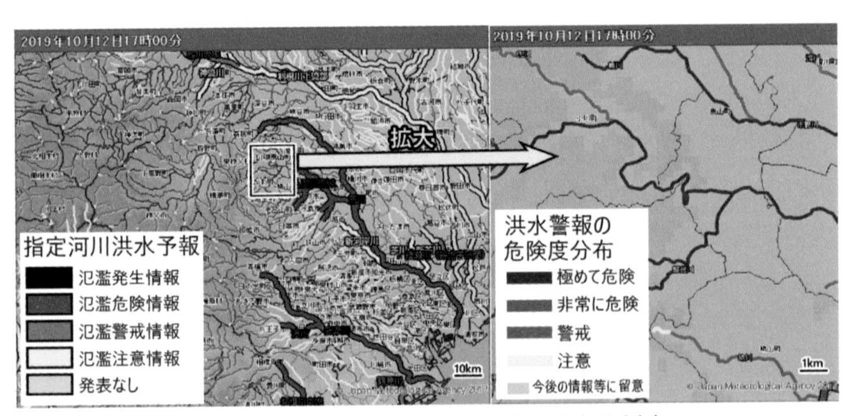

図２　気象庁「洪水キキクル（洪水危険度分布）」

洪水の危険度が増すごとに水色から黄色，赤色，紫色と表示が変化するようになっています。指定河川（大きな川）は，氾濫すると黒色になります。拡大していくと市区町村名や河川名が表示されます。左図の四角枠を拡大したものが，右図です。令和元年東日本台風による大雨の状況を再現したものです。気象庁Webより凡例部分を加工。

15 雪害対策① 日本海側の降雪

雪国の暮らしと工夫

新潟県では,雪に備えるまちづくりがされてきました。道路のセンターライン付近からは,水が流れ出し(消雪パイプ),道路に雪が積もらないようにしています(**写真1**)。商店街では軒を張り出し,隣のお店と連接させるようにすることで(雁木(がんぎ)造り),雪よけアーケードにしてきました。

雪国では6時間に5cm程度の雪が降っても日常生活には影響しません。ただ,6時間に30cm以上の大雪になると,公共交通機関が乱れたり,ごみの収集が遅れたりします。大変なのは,自宅前の雪かきは自分でしなくてはならないことです。また,屋根にたくさん雪が積もったら,雪下ろしをしなくてはなりません。大雪でない限り,学校や会社の遅刻の理由にはできません。雪の時期は,早起きをする必要があるのです。

一方,冬季の降雪のおかげで,雪国では水不足の心配がありません。春になると山の雪がゆっくり解けて,田んぼを水で満たします。雪国は,おいしいお米の産地でもあります。

冬になると,昼間が短くなり,夜が長くなります。シベリアの大地では,夜には地面の熱が空に逃げ(放射),地面が冷やされます(冷却)。シベリアは,温暖な海から遠いこともあり,地面に接した空気も冷やされて冷気が溜まります。日本付近を低気圧が通ると,大陸の冷気が低気圧に向かって一斉に吹き出します。これを「北西季節風(冬の季節風)」と呼んでいます。

冷たくて乾いた北西季節風は,湿度の高い日本海から水分と熱の供給を受けます。日本海では,上下方向の空気の入れ替え運動(対流)がおこり,雪雲が上方に発達していきます。その雪雲が,日本列島の日本海側に雪を降らせるわけです。北西季節風が山脈にぶつかり,上昇気流が強められると,雪雲が発達して,日本海側の山沿いにまとまった雪が降ります。寒気の吹き出しが強い時には雪雲が山を越えて,太平洋側の一部に雪を降らせることがあります。

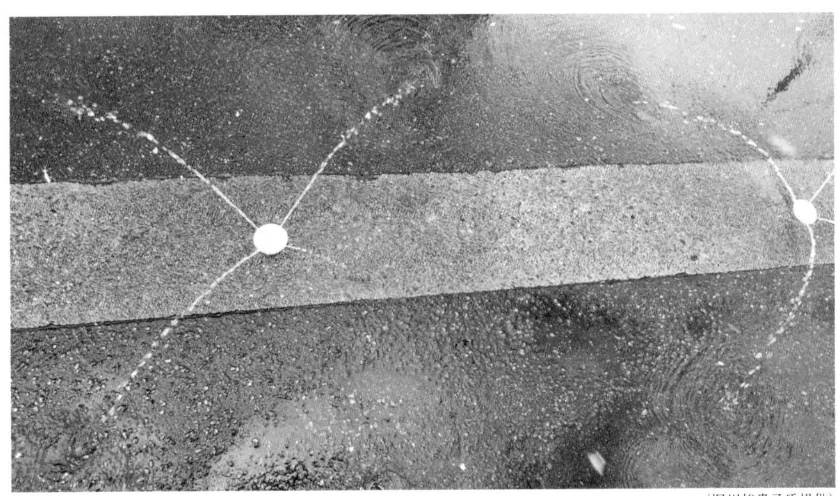

（堀川裕貴子氏提供）

写真1　消雪パイプ

道路に地下水の導水パイプが埋め込まれており，ノズルから四方に水を散布することで，路面への着雪を防いでいます。噴き出す水の高さは10センチから15センチ程度で，長靴を履いていれば濡れることはありません。

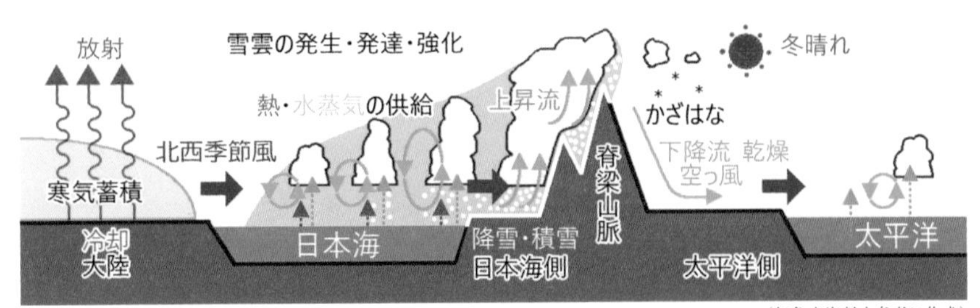

（気象庁資料を参考に作成）

図2　降雪のしくみ

シベリアから吹き出す冷たい空気が，日本海で水分を補給し雪雲を発達させます。日本列島の脊梁山脈で雪雲はさらに発達して日本海側の地方に雪を降らせます。脊梁山脈の風下側（特に関東）では，冬晴れとなり空気が乾燥します。群馬県の平地では，空っ風が強い日に青空からはらはらと雪が落ちてくることがあり，これを「かざはな」と呼んでいます。

16 雪害対策② 除雪技術と地図情報

冬になると大陸から寒気が吹き出して，雪雲が発生し，日本海側の地方では雪が降ります。日本では人口の多い雪国の都市にもたくさんの雪が降ります。外国の大都市で似たような例はあまりありません。日本では，雪害に悩まされてきたからこそ，除雪技術が発達しました。日本の道路除雪技術は世界一です。

道路に雪が積もりそうな時には，あらかじめ道路に凍結防止剤(塩化ナトリウムなど)を撒(ま)いておきます。水は 0℃で凍りますが，不純物が溶け込むことで凝固(ぎょうこ)点が下がり，道路上の水分の凍結を防ぐことができます。特に寒さが厳しい時には，砂などの滑り止めも一緒に撒きます。たくさん撒きすぎると塩害が生じるので，気象予測をしたうえで必要量を散布する必要があります。

道路上の積雪が 5 ～10cm程度となったら，新雪除雪が行われます。除雪ドーザを使って道路上の雪を道路の端に追いやります。また，踏み固められた雪によって道路が凸凹になったら，除雪グレーダで積雪を削って道路を平坦化します(路面整正)。削った雪は除雪ドーザとの連携(雁行(がんこう)作業)で道路の端に追いやります。

ひと冬に何回も雪が降るので，道路の端の雪堤(せってい)がだんだん高くなってしまいます。道路の通行できる部分を広げるためにロータリー除雪車が使われます。削った雪を遠くに吹き飛ばしますが，雪が捨てられない場合は，ダンプトラックと連携して作業します。ダンプトラックは雪を満載して雪捨て場に向かうことになります。歩道は小型とロータリー除雪車で雪を除きます。

除雪車がどこで作業をしているか，ネット地図で公開している市があります。自宅近くの道路除雪がいつ終わるのかは市民の関心事でもあるからです。山形県尾花沢(おばなざわ)市では，各戸の道路出入口部に除雪車による固い雪をできるだけ置かないように間口に配慮した除雪を行っています。

写真１　活躍する除雪車両

写真は，雪を押しのける「除雪ドーザ」（左上），堅い雪を削り取る「除雪グレーダ」（右上），雪を掻いて吹き飛ばす「ロータリー除雪車」（左）です。この「道路除雪の三銃士」が，道路の状況に合わせて活躍します。

（国土交通省北海道開発局網走開発建設部提供）

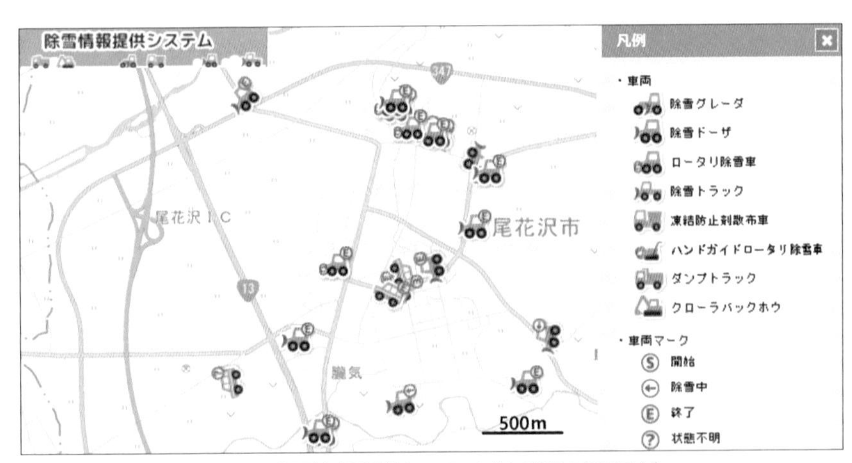

図２　除雪情報提供システム（山形県尾花沢市）

インターネットで閲覧できる除雪情報です。除雪車がどこで除雪作業を行っているか，地図上で確認できます。除雪車が通った道筋を表示させることで除雪が終わった道路もわかります。

コラム COLUMN

救助要請「#助けてください！」

岡山県倉敷市真備(まび)地区では，2018年７月６日から７日にかけて，高梁(たかはし)川水系小田川とその支流で川の水があふれ，大規模な水害となりました（平成30年７月豪雨）。氾濫が発生した時間帯が深夜・未明だったために，避難ができずに自宅に孤立してしまった人がたくさんいました。

Twitter（現在のX）には多くの救助要請が書き込まれました。「（住所）１階が浸水して避難できません。（名前）」「屋根で救助を待っています。（住所）」「（建物名）大人６人犬１匹，２階に避難しています。すでに１階は浸水しています。」

実際に孤立している人からの発信だけではなく，孤立している家族や友人から連絡を受けた人も救助要請を発信しました。「実家に両親と祖母が取り残されています。救助をお願いします。（住所）」「（住所）大人１人，子供２人が取り残されています。身動きがとれず非常に危険な状態です。早急な救助をよろしくお願いします。」

これらのツイートが救助活動に活かされた場面もありました。救助要請地点を地図情報として救助組織と共有できれば，被害状況の迅速な把握ができ，救助活動に役立ちます。

なお，不安な面もあります。個人情報である住所を公開することで，泥棒などの別の被害に遭う可能性もあります。Twitterにデマ情報が書き込まれることがあるかもしれません。救助に行ってみたら，すでに避難していたということもあるでしょう。

問題点を解決し，地域で一元化したSNS救助要請のしくみを整えることができれば，大災害時の救助活動がより確実なものとなるでしょう。いくつかの地域で，すでにSNSを利用した実証実験が始まっています。

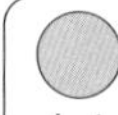
＊＊＊＊＊
大人２人、こども３人、住宅二階に取り残されています。助けてください！
SOS
救助要請

第4章

土砂災害

日本の国土は山がちであり，住宅地の周りに急傾斜地が迫っていることも珍しくありません。こうした環境は大雨や地震の際には土砂災害を受けやすく，私たちは毎年のように土砂災害のニュースを目にしています。

土砂災害は大きな破壊力をもつため，ひとたび発生すると被害は甚大になります。また発生が突発的であり，どこでどのような被害が起きるかを正確に予測することが難しい災害でもあります。土砂災害は発生してから避難しようとしても間に合いません。命を守るうえで大切なことは，自らの住む環境の危険度を知り，雨の情報を把握したうえで，少しでも早い避難行動をとる判断です。

4章では土砂災害のさまざまな例と，被害をどのように防ぐかを考えます。

1 土石流に襲われた広島の住宅地

2014年８月19日，広島市は強い雷雨により浸水や停電に見舞われていました。深夜に一旦上がった雨は未明に再び激しくなり，しかも安佐南（あさみなみ）区，安佐北区を中心とした狭い地域に集中しました。20日１時30分からの３時間降水量は安佐北区役所，三入（みいり），三入東，上原の４地点で200mmを超え，三入，可部（かべ）東，八木，緑井，山本などの各地区では住宅地の背後の山から土砂が流出，土石流となって麓を襲い，死者75人，負傷者44人，全・半壊家屋255戸という甚大な被害をもたらしました。夜中の豪雨であったことや，避難指示・勧告が遅れたことなどが被害を大きくしたとされていますが，被害地区の土地の性質が大きく関与していたことも認識する必要があります（**写真１**）。

被害に遭った地域は広島市のベッドタウンとして，1970年代以降の宅地開発により人口が急増した地域でした。いずれも山の麓に広がる扇状地性の土地です。扇状地は川が山から運搬してきた土砂が谷口に堆積した地形で，つまりは過去にもこの災害をもたらしたものと同じような土砂移動が繰り返されたことで形成された土地なのです（**図２**）。

加えてこの付近の山地は花崗岩からなる地域が多く，花崗岩の風化によりできた「まさ土」と呼ばれる砂状のもろい土壌が分布しているため，土砂崩壊が起きやすい環境でもありました。実際にこの付近では1999年にも同じような土砂災害が発生しており，広島県内で32人の犠牲を出しています。このことからも，決して想定外の災害ではなかったことがわかります。

そのような危険がある場所になぜ多くの人が住んでしまったのでしょうか。1920年に30万人程度であった広島市（※現在の市域）の人口は，2020年には120万人近くまで膨れ上がりました。都市の発展に伴う人口の増加は住宅地不足を招き，周辺の山間部を宅地造成せざるを得ませんでした。こうした過程で，山麓の扇状地にも住宅地が広がっていったのです。今後は住宅地を守る砂防堰堤（えんてい）（p.134参照）などの整備による対策

写真 1　発災翌日に国土地理院が航空機より撮影した八木地区の写真
山肌に崩壊の跡がいくつも刻まれています。

図 2　国土地理院が航空写真から判読した八木地区の 2014 年 8 月の土砂災害分布図（赤色が土砂流出範囲）（地理院地図）

はもちろん，ハザードマップ等を通じて，自らの住む土地がどのような性質なのかを一人ひとりが理解していくことも重要になります。

関連項目　4 章⑨（p.134）

2 深層崩壊と河道閉塞で拡大した被害
2011年紀伊半島大水害による土砂災害

2011年９月，紀伊半島は台風12号による豪雨に見舞われ，広い範囲で水害が発生しました(**写真１**)。奈良県南部の上北山のアメダスは72時間雨量で1652mmと国内観測記録を大きく塗り替え，山地では2000mmを超える雨量があったと推定されています。

奈良・和歌山・三重の３県で106件の土砂災害が発生し(**図２**)，死者72人，行方不明者16人を記録しています。斜面崩壊は大規模なものが多く，表層土の崩壊ではなく，雨が地中深くまで浸透することで深い部分の岩盤までもが大きく崩れる深層崩壊と呼ばれる現象が発生したと考えられています。深層崩壊が顕著だったのは奈良県五條市の大塔町で，清水地区で発生した深層崩壊では崩落した土砂が熊野川を越えて対岸の宇井地区にまで押し寄せ，道路や家屋を破壊しました。

また，崩壊した土砂が谷に流れ込むことで河川の流れをせき止める河道閉塞(p.125**図２**参照)という現象も複数発生しました。閉塞部の上流は水がたまることで浸水が発生するほか，閉塞が決壊した場合，たまっていた水が土砂とともに一気に流出することで，下流は土石流に襲われることになります。大塔町の赤谷地区や奈良県十津川村の栗平地区などでは河道閉塞により大規模なせき止め湖が形成され，下流の集落に避難指示が出されました(**図３**)。

紀伊半島の山間地では，熊野川や北山川，日高川など多くの河川が蛇行しながら深い谷を形成しており，集落の立地は谷沿いに集中しています。このため許容量を超えるような豪雨では氾濫と土砂災害の両方に見舞われる可能性があるうえ，避難する場所の確保が困難な地区も多く，ひとたび災害が発生すると被害は甚大になりがちです。

十津川村は1889年８月にも大水害による土砂災害に見舞われて壊滅状態になり，2500人が村を離れ北海道へ移住し，その移住先が新十津川村(現十津川町)として開拓された経緯があります。その地域にとって，土砂災害への対応は今も重要な課題です。

写真１　熊野川の氾濫（新宮市日足地区, 2011年９月３日撮影）

紀伊半島の主要河川では, 19水系が氾濫危険度水位評価で警報レベル（避難判断水位）以上となりました。

（国土交通省近畿地方整備局提供）

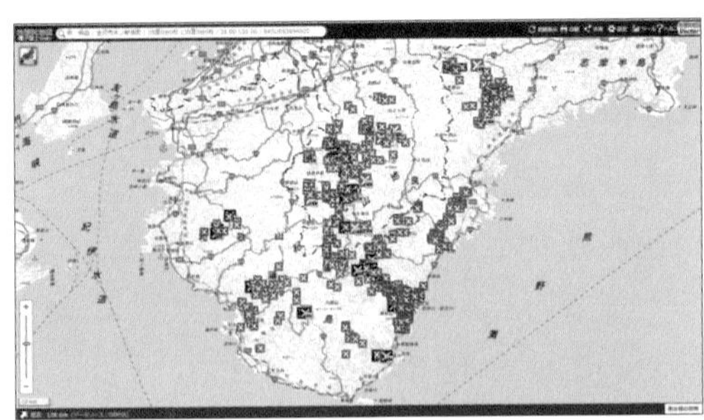

図２　2011年紀伊半島大水害の被害分布（赤：土砂崩れ, 青：土石流, 黒：家屋流出）

（地理院地図）

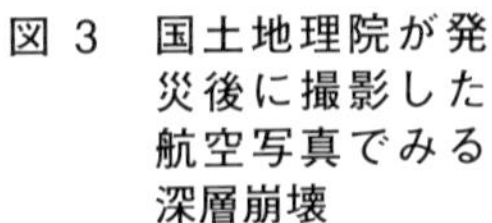

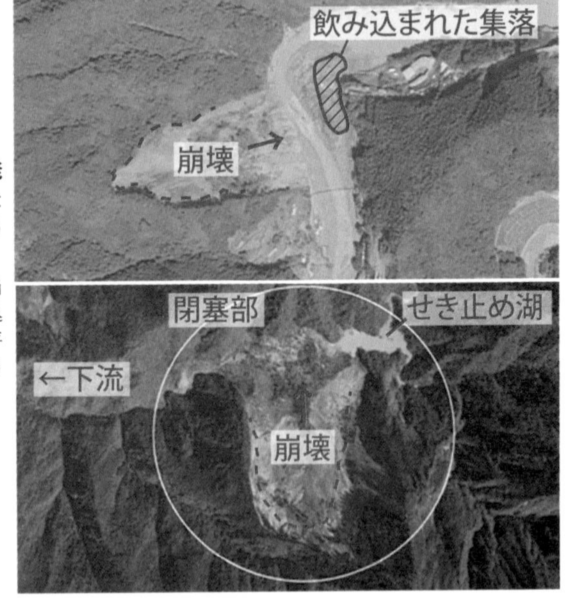

図３　国土地理院が発災後に撮影した航空写真でみる深層崩壊

五条市大塔町清水地区の崩壊が川の対岸の集落を飲み込んだ様子（上）と十津川村栗平地区の河道閉塞により形成されたせき止め湖の様子（下）

3 地震が誘発する土砂災害

善光寺地震による地すべり被害

江戸時代の1847年５月，長野県の善光寺平（長野盆地）を震源とする直下型地震「善光寺地震」が発生しました。

地震規模はM7.4，長野市内の震度は６～７であったと推定されています。震源周辺では家屋の倒壊に加えて火災が発生し，６年に１度の善光寺の御開帳をみるために全国から集まった参詣者も含め，死者は8000人を超えたとみられています。

善光寺地震の特徴の一つは長野市の西側に連なる犀川丘陵を中心に，多くの斜面崩壊を誘発した点です。崩壊箇所は当時の松代藩領内だけでも４万件を超え，多くの集落が被害を受けたと記録されています。また，斜面崩壊による河道閉塞が数多く発生し，浸水被害や後の決壊による洪水で，下流が大きな被害に見舞われました（**図１**）。

最も大規模だったのは，現長野市信更地区にある岩倉山の地すべりでした。山頂から３方向への崩壊が発生し，山腹の集落を襲うとともに，崩落した土砂が犀川に流れ込むことで川を閉塞させ，上流には32kmにもおよぶせき止め湖が形成されました。翌月には閉塞が決壊し，下流の善光寺平は大洪水に見舞われました。犀川が善光寺平へ出るあたりでは，水位が20mに達したと当時の文献に記されています。

岩倉山周辺の集落は多くが古い地すべりが堆積した場所に立地しており，もともと地すべりが起こりやすい土地でした。

善光寺地震の例にみられるような「地震が誘発する土砂災害」は，その後も各地で発生しています。最近の例では旧山古志村（現長岡市）で多くの地すべりが発生した2004年の新潟県中越地震や，2008年の岩手・宮城内陸地震，そして2018年の北海道胆振東部地震などがあります。中でも北海道胆振東部地震での土砂の崩壊面積は明治以降の国内最大を記録しており，震源に近い厚真町では土砂災害に巻き込まれて36人が亡くなるなど甚大な被害につながりました（**図２**）。

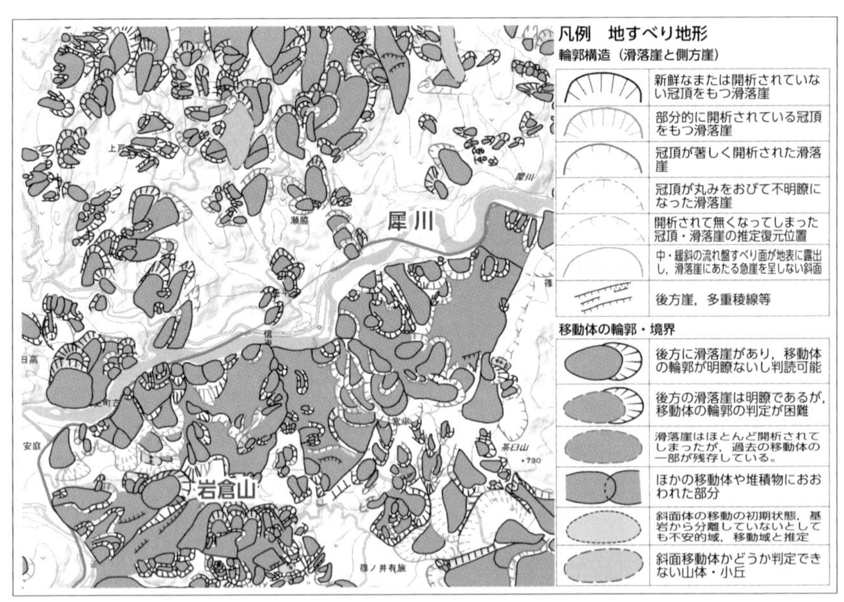

図１　善光寺地震で大きな被害を記録した犀川周辺に分布する地すべり地形

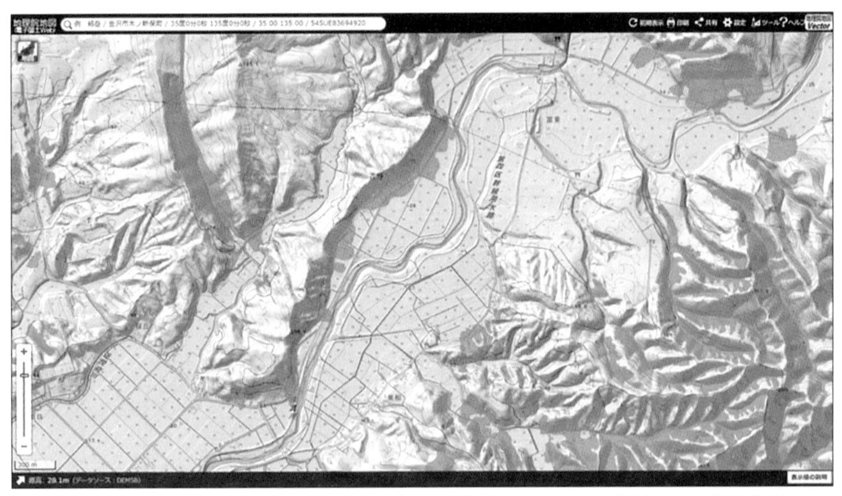

図２　国土地理院が判読した北海道胆振東部地震による厚真町の崩壊分布

吉野地区では19人が犠牲になりました（赤色部分が斜面崩壊および堆積範囲）

4 土砂災害にはどのようなものがあるのか

土砂災害の種類と起こりやすい場所

土砂災害にはいくつかの種類があり，それぞれに発生メカニズムが異なります。まずはそれらの違いを整理してみましょう(**図 1**)。

がけ崩れは豪雨や地震などが原因で斜面が不安定になり，崩れる現象です。風化が進んだ急傾斜地で起こりやすく，山間部はもちろん，都市部でも斜面が住居に迫る場所では発生する可能性があります。表層部の崩壊は，小規模なものも含めれば発生頻度が高いのに対して，地中深い岩盤まで崩れる深層崩壊は発生頻度こそ低いものの，ひとたび起これば甚大な被害を招きます。

地すべりはすべり面(地質的な弱面)を境に，土砂がゆっくりすべる現象です。主な誘因は大雨や融雪による地下水の増加ですが，地震がきっかけとなることも珍しくありません。がけ崩れよりも規模が大きくなりがちで，緩やかな斜面でも発生する可能性があります。地質の特徴が大きく関与することから，発生しやすい場所で繰り返し起こる傾向があり，馬蹄型の崖や，階段状の斜面(棚田)，山間地の緩斜面など，過去の地すべりにより形成された特徴的な地形から起こりやすい場所を特定することも可能です。

土石流は山間地などで崩落した土砂や渓流内の岩石が,水とともに流下する現象をいいます。一般に渓流の傾斜が急であるほど起こりやすく，流下速度も速くなります。自分たちのいる場所で激しい雨が降っていなくても，上流の雨量が多い場合などは突然土石流に襲われる可能性もあり，河川が山間地から平地に抜ける谷口に立地する集落は特に注意が必要です。なお，土石流は山津波(やまつなみ)の別名もあり，土砂よりも水の方が多いものは鉄砲水と呼ばれることもあります。

がけ崩れや地すべりにより移動した土砂が大量に川に流れ込んだ場合，流れを塞いで河道閉塞を起こすことがあります。閉塞によりせき止め湖が形成されれば，やがてそれが決壊することで土石流が発生する可能性があります。この場合閉塞部の下流は大きな被害を受けます。(**図 2**)

がけ崩れ

急な斜面が大雨等によって緩み，突然崩れ落ちる現象。

地すべり

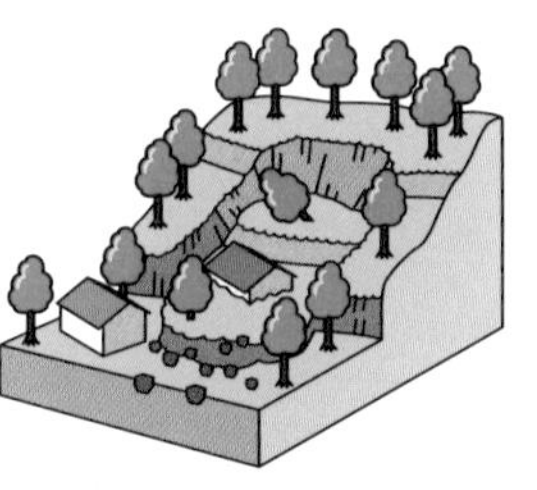

比較的広い範囲にわたり雨を含んだ土地が，ゆっくりと動き出す現象。

土石流

谷や渓流から，土砂や石，木を含んだ濁流が，凄い勢いで押し流される現象。

（国土交通省資料により作成）

図１　土砂災害の種類

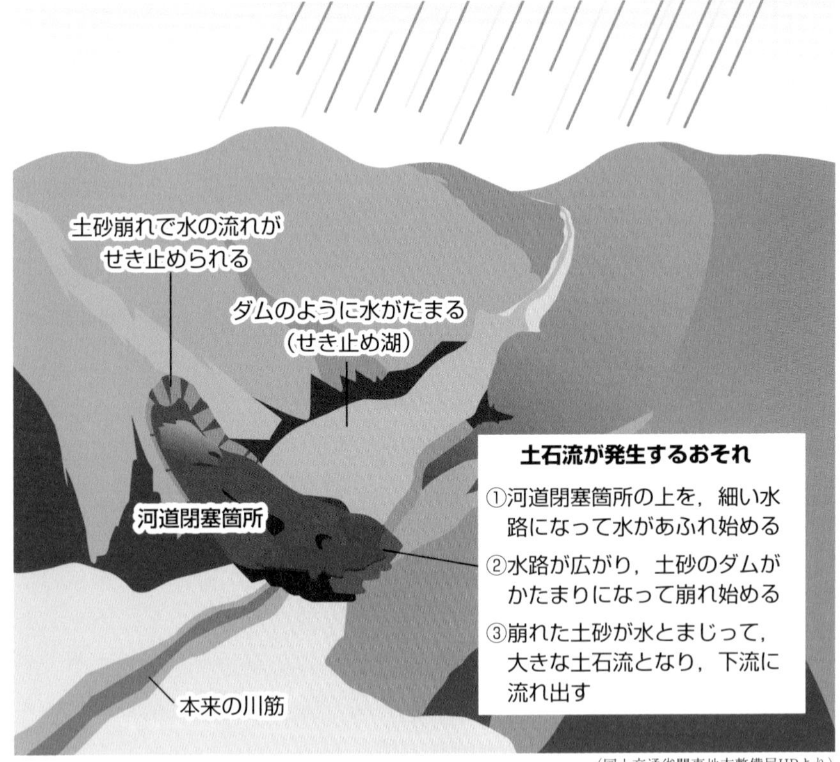

（国土交通省関東地方整備局HPより）

図２　河道閉塞のしくみ

5 がけ崩れや地すべりはなぜ起きるのか

土砂災害が起きやすい条件を知る

斜面においては,岩盤を下へ移動させようとする力(重力)と,それに抵抗する力(摩擦力)が均衡することで安定を保っています。がけ崩れや地すべりはこの安定が崩れることで発生します。

重力に抵抗する力は水によって弱まります。豪雨や融雪ががけ崩れや地すべりの要因になるのは,水が地中に浸透することで摩擦力を弱め,すべりやすくするからです。斜面では水抜きのパイプなどを設置して,地中に浸透した雨水を排水する対策がとられています。

地すべりは一般には粘土などの水を通しにくい層の上に乗る土砂が,雨水や雪融け水の浸透により地下水位が上昇することで,浮力が生じて引き起こされます。

進行がゆっくりで,地面のひび割れや陥没,亀裂や段差の発生,斜面からの出水や水の濁りなど前兆現象を捉えられる場合もあります(**図1**)。事前避難ができる場合もありますが,ひとたび起こると大規模な被害につながりかねません。

1985年7月,長野市北西にある地附山(ちづきやま)で大規模な地すべりが発生し,住宅55戸を巻き込む災害になりました。被害地区では前兆現象がみられたことから40分前に避難勧告が出され,ほとんどの住民は避難して無事でした。しかし麓にあった老人ホームが地すべりに押しつぶされ,避難できなかった寝たきりの高齢者26人が亡くなりました。

この時の地すべりの規模は延長700m,幅500m,深さ60m,移動した土砂の量は550万㎥と推定され,東京ドーム4個分を満杯にする量の土砂が流れたことになります(**図2**)。この年は梅雨の降水量が例年の倍近くあり,地すべり発生前にも大雨による土砂崩落が発生していました。

多くの場合,土砂災害の発生は大雨という外力が誘因となります。その際に,直前の雨量だけでなく,これまでに降った雨の累積や雪融け水の浸透などにより,土壌中の水分量が多くなっていないかも考慮することが重要です。

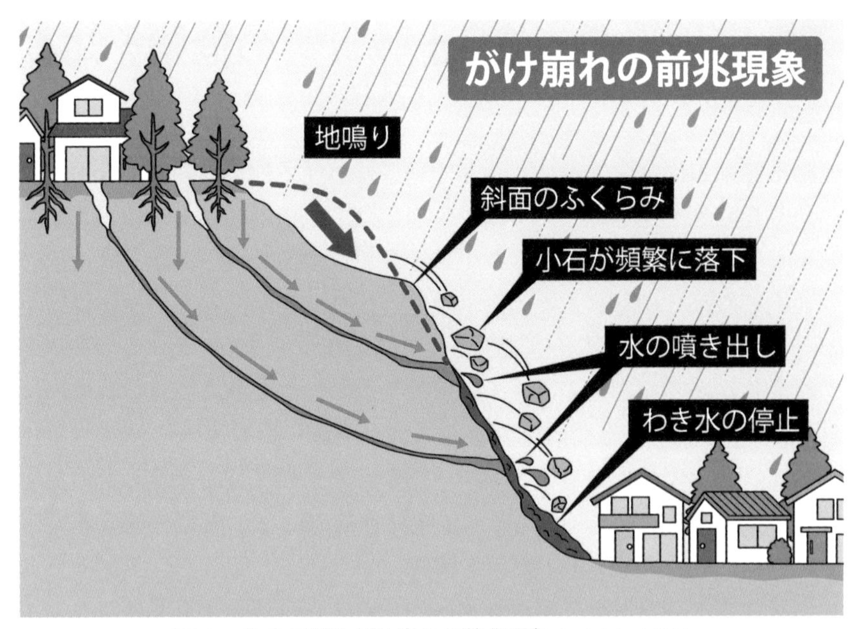

図１　地すべりやがけ崩れの前兆現象（日本地すべり学会）

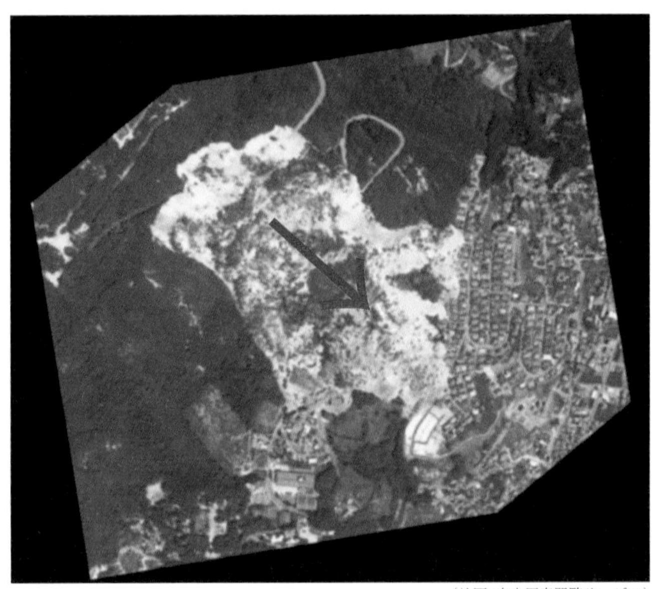

（地図・空中写真閲覧サービス）

図２　1985年７月30日に国土地理院が撮影した地附山地すべりの航空写真

6 宅地造成に伴う土砂災害の危険を知る

人工改変地にひそむみえないリスク

都市部周辺には人工改変により開発された住宅地が数多くあります。山地や丘陵地を住宅地として造成するには，尾根の部分を切土し，盛土により谷の部分を埋めることで土地を平坦化する必要があります。その際切土した部分はもともとの固い地盤が残りますが，谷埋めや腹付けなど(p.38参照)盛土の部分は地盤が脆弱(ぜいじゃく)になりがちです。

こうした盛土などによる人工改変地の危険性が最初に認識されたのは，1978年の宮城県沖地震の時でした。仙台市周辺の丘陵地を造成した住宅地で，盛土の沈下や崩壊，地すべりなどの土砂災害が多発したのです。仙台市では2011年の東北地方太平洋沖地震の際も，複数の造成地で同じような土砂災害に見舞われています。

問題はこうした土地では土砂災害のリスクが目にみえにくいことです。新しく開発された住宅地の住民は，他の地域からの転入が大部分を占めるため，土地の履歴を認識していません。加えて，造成が終了した住宅地は平坦化されているため，どの部分が切土でどの部分が盛土なのかはその場では判別できません。結果として多くの住民が土砂災害のリスクを認識しないまま暮らすことになります。

仙台市では，東日本大震災以降，自宅の敷地が切土なのか盛土なのか知りたいという問い合わせの増加に対し，宅地や周辺の造成履歴の概況を示した地図を作成し，ホームページで公開しています(**図1**)。これは地形改変前後の地形を航空写真や地形図により比較して作成されたものです。

人工改変はがけ崩れにも影響を与えます。大雨による斜面崩壊が起こりやすい条件として，上方に広い緩傾斜地があるケースが挙げられます。これは斜面に大量の水が集まりやすい地形条件となるためですが，斜面の上方が人工改変により平坦化された場合も同じ条件になります（**図2**）。また，斜面の途中に道路ができた場合なども，注意が必要です。さらに，道路の工事や森林の伐採もがけ崩れの遠因となることがあります。

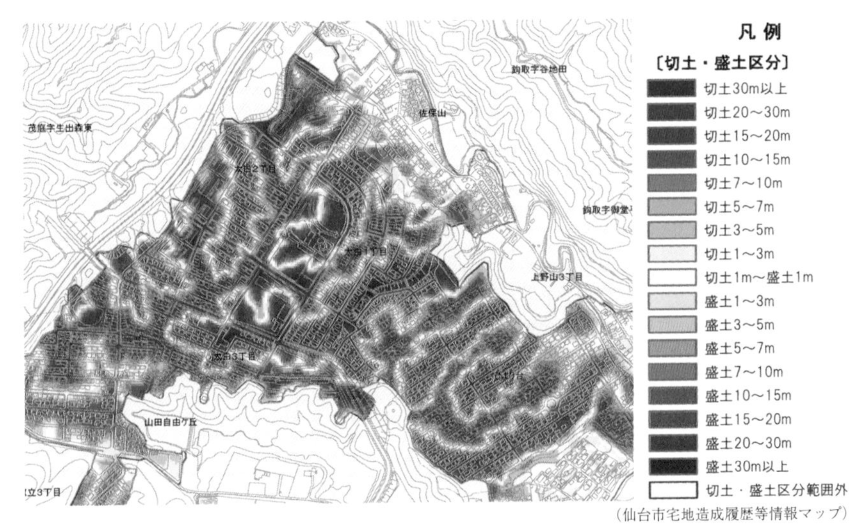

（仙台市宅地造成履歴等情報マップ）

図１　仙台市が公開している切土･盛土図

30m近く盛土している箇所も珍しくありません。

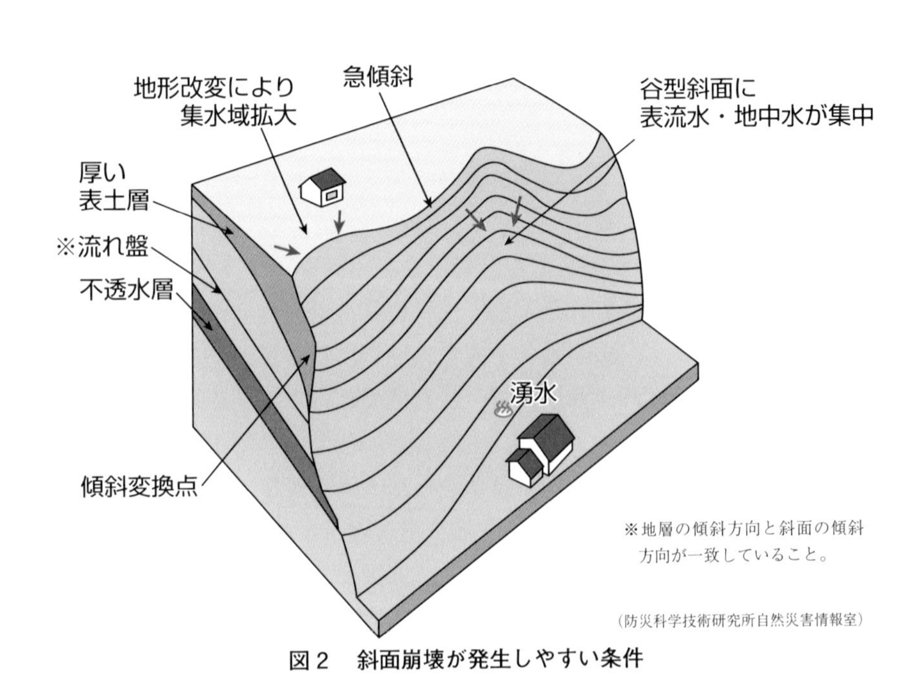

（防災科学技術研究所自然災害情報室）

図２　斜面崩壊が発生しやすい条件

7 暮らしやすい地形をつくった土砂移動

災害と背中合わせの自然の恵み

地すべりが繰り返し起きているような場所は，山間地でも斜面が比較的なだらかで，湧き水や地下水が豊富です。こうした場所は農業用水にこと欠かないことから山間地としては水田に適しており，棚田をつくりやすい環境にあります。おいしいお米の生産で有名な新潟県の魚沼(うおぬま)地方は，こうした地すべり地を利用した良質の棚田が広がっています。魚沼米のおいしさには地すべりが貢献しているといってもよいでしょう。

新潟県中越地震の際に大規模な地すべりが相次いだ小千谷(おぢや)市や旧山古志(やまこし)村（現長岡市）は，地すべり地形の棚田を利用した錦鯉の養殖が盛んです。この地域では雪融けの地下水が豊富で，横井戸を掘ることで水が得られます。雪融け水は冷たすぎるため，上段の棚田に水をためて太陽熱で適温になるのを待ってから稲作に使っていたのですが，そのため池の水で鯉を育てるようになったのが同地の養鯉(ようり)の始まりでした。この地域の錦鯉は良質で市場での評価が高かったこともあり，山間の村の重要な産業になりました。これも地すべりの恩恵といってよいでしょう。旧山古志村は地震後に全村避難となり，3 年余りの避難生活が続きましたが，多くの住民が故郷に戻り，錦鯉の養殖も復活し，現在では世界中からバイヤーが訪れるようになっています（**写真 1**）。

一方，扇状地は河川が土石流などで山から土砂を運び，平地への出口に堆積させることで形成された土地です。扇状地は水はけがよく，果樹の栽培に適しています。山梨県の甲府盆地周辺には扇状地が多く，同県がフルーツ王国と呼ばれる背景にも，土石流などによる土砂の移動があったといえます（**写真 2**）。

また扇状地では水が伏流することから地下水が豊富であり，緩やかな扇状地では都市が発展しやすく，京都市や札幌市などはその好例です。地すべりや土石流といった土砂の移動は，災害をもたらすこともありますが，その繰り返しが暮らしやすい地形をつくったことも知っておきたいものです。

（青木一政氏提供）

（著者撮影）

写真１　新潟県の旧山古志村(現長岡市)でみられる棚田(上)と錦鯉の養殖(左)

（田村賢哉氏提供）

写真２　山梨県の京戸川扇状地(甲州市・笛吹市)

上流の山地からの土砂が扇状に堆積した地形

8 開発が進むことで高まる土砂災害リスク

日本は国土の3/4を山地や丘陵地が占め,平地が少なく，人々は人工改変を重ねながら有効利用できる土地を増やしてきました。海上や河川,沼などを埋め立てたり干拓をしたりしながら陸地をつくり，丘陵地や斜面を造成することで平坦化し，農地や工業地，そして住宅地を広げてきたのです。こうした傾向は都市周辺で特に顕著で，高度経済成長以降の人口急増に合わせる形で開発が進んでいきました。

人工的に新しい土地を生みだすことで効率的な土地利用が進む一方で,災害へのリスクも増えてきました。本来であれば人が住むには適さないような場所も宅地化されたり，老人福祉施設が建設されたりというケースも珍しくなく，またそうした場所が大雨などの際に浸水や土砂災害の被害に遭うような事例も多くなっています。

これは高度経済成長期以降の都市部への人口流入が影響しています。都市が持つ本来のキャパシティを超える人が集まり，利便性の高い場所の宅地化が進んだ結果，災害リスクの高い土地に多くの人が住むようになったのです。2014年,広島での土石流災害で被害を受けた家屋の多くは，本来であれば人が住むのにはリスクの高い，過去の土石流が堆積した谷口の扇状地に建てられていました。しかも背後の山地は風化・侵食を受けやすい地質でした。高度経済成長期前の旧版地図(p.186参照)をみると，扇状地の上流側には住宅地がありません(**図 1**)。

2018年 7 月の平成30年 7 月豪雨において，広島県熊野町の川角(かわすみ)地区で土石流が住宅団地を襲い,12人が亡くなりました。この地区は比較的新しく開発された住宅地で,1970年発行の地図をみるとまだ山林の状態です(**図 2**)。21世紀に入り，日本の人口は減少しはじめ，かつてのように人口増のためやむなく宅地開発を行う必要性はなくなりました。そろそろ開発のあり方を見直す必要があります。

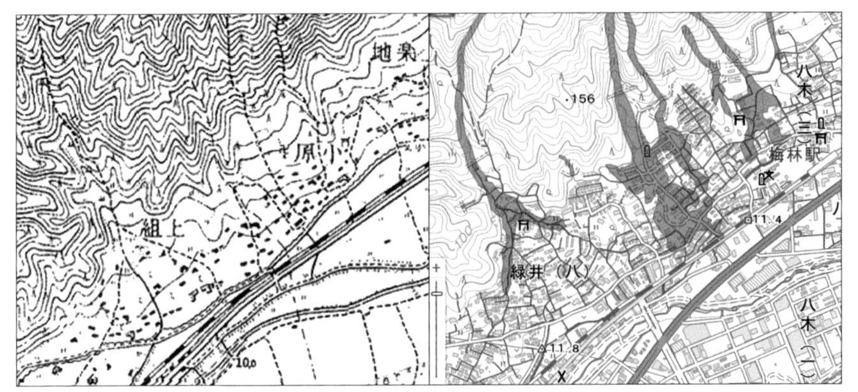

図 1　広島市八木地区の1952年発行の旧版地図と2014年土砂災害後に国土地理院が判読した土砂流出範囲図との比較

高度成長期前には被害を受けた扇状地性の土地にほとんど家は建っていません。

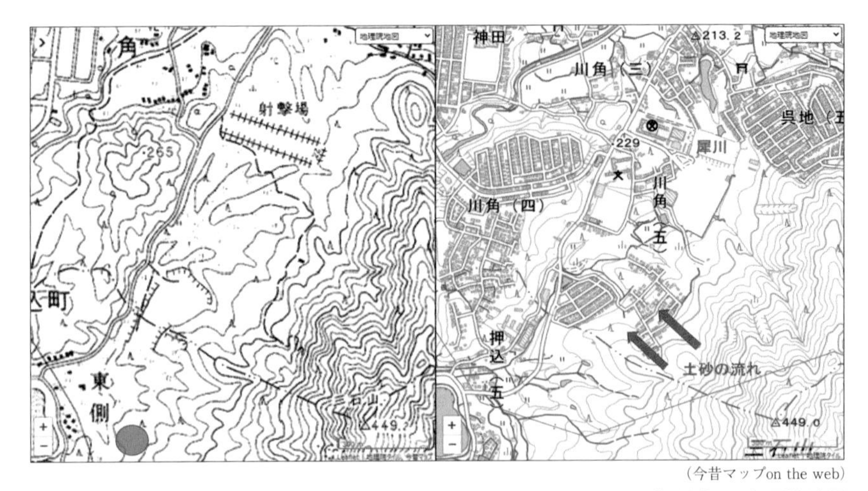

（今昔マップon the web）

図 2　広島県熊野町川角地区の1970年発行の旧版地図と2021年現在の地理院地図との比較（赤矢印は2018年西日本豪雨の際の土砂の流れ）

宅地造成で危険な谷の出口も含めて平坦化・宅地化されたことがわかります。

関連項目　6章⑫（p.186）

9 斜面崩壊へのさまざまな対策

土砂災害を防ぐ事業は砂防と呼ばれています。土砂災害から暮らしを守る砂防工事はその取り組みの一つです。

土石流対策としては，上流から流れてくる土石流を食い止め，勢いを軽減させる砂防堰堤の設置(**図 1**)や，斜面を崩れにくくするためにコンクリートの枠や壁で固定したり，植樹をしたりといった山腹工，そして川底や川岸が削られないように河床を固めたり，護岸を施したりといった渓流保全工などが行われています。

また地すべり災害を防ぐために，深い井戸(集水井)を掘って地すべりの原因となる地下水を集めて川などに流したり，雨水や雪融け水が大量に地中に浸透しないように排水路を設けたり，地すべりのすべり面の下まで貫く杭やアンカーを打ち込んで固定したりといった対策が施されています。

こうした対策で土砂移動を軽減することができますが，大規模な土砂災害に対しては限界があります。ハード対策だけですべての土砂災害を防げるわけではありません。土砂災害から命を守るためには早期避難が重要なため,近年では土砂災害の発生や前兆をいち早く捉える設備の開発や設置にも注目が集まっています。

その一つが，斜面の崩落や，上流での土石流の発生を常時監視するセンサーシステムです(**図 2**)。特に土石流は速度も速いため，少しでも早く発生を検知することで命を守る行動につなげようという取り組みです。

地すべりについては，ゆっくりと少しずつ進行する性質があるため，連続的なモニタリングを行うことも重要です。センサーの設置にはコストもかかるため，パトロールにより地面のひび割れや陥没，亀裂や段差，あるいは樹木の傾きなどが発生していないかを観測することはもちろん，近年では人工衛星の合成開口レーダー（SAR:p.198参照)から地すべりをモニタリングする技術も開発されています。

（国土交通省提供）

図１　砂防堰堤のはたらき

大雨が降り土石流が発生したとき，堰堤は大きな岩や流木などを含む土砂をため，下流への被害を防ぎます。堰堤にたまった岩や土砂，流木は，次の土石流に備えて取り除いておきます。

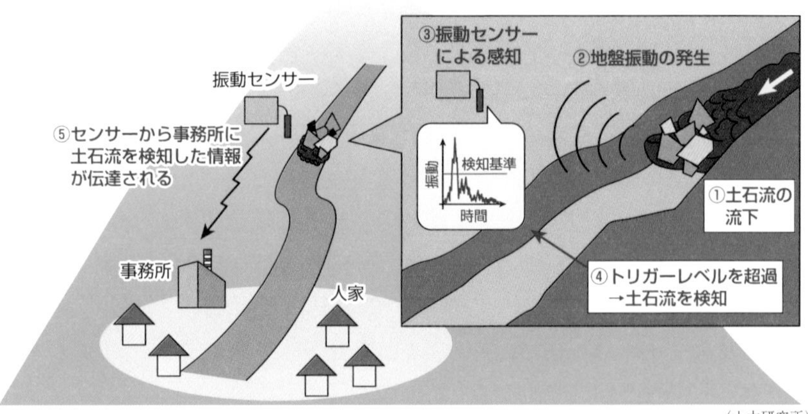

（土木研究所）

図２　土石流センサーのしくみ

関連項目　２章⑫（p.78），６章⑱（p.198）

10 早期避難とハザードマップ

繰り返しになりますが，土砂災害から命を守るには早い段階での避難を徹底することが最も重要です。一方で豪雨などの際にどの斜面が崩れるのかを事前に特定することは難しいため，市区町村の避難情報の発令が後手に回ってしまうことも珍しくありません。私たちに求められるのは，行政からの情報を待つだけではなく，自らが住む土地の危険を知り，自主的に早めの避難行動を起こすことです。

土砂災害の危険がある地域は土石流危険渓流，急傾斜地崩壊危険箇所，地すべり危険箇所といった「土砂災害危険箇所」に指定されています。また，土砂災害防止法により，警戒避難体制を整備すべき土地として「土砂災害警戒区域」「土砂災害特別警戒区域」が指定されています。その指定の際には住民説明会等も開催されるため，住民の認識度は高いはずですが，自分が住む地域が該当していないかを知ることが重要です。こうした情報は市町村が作成する土砂災害ハザードマップにも掲載されているため，平時に確認しておきましょう(**図 1**)。

併せて，降雨時には気象庁が発表するさまざまな気象情報をチェックすることも必要です。大雨警報(土砂災害)や土砂災害警戒情報が発表された場合は，気象庁のホームページや各種アプリで土砂災害発生の危険度が高まっている地域を確認して，危険度が高い地域では少しでも安全な場所へ早く避難することが求められます。大雨特別警報(土砂災害)が発表される時は，何らかの災害がすでに発生している可能性が高く，危険が差し迫っています。ただちに命を守る行動をとってください(**図 2**)。

土砂災害は発生してから避難しようとしても間に合いません。命を守るには早期の避難が必須です。万が一避難が遅れて，外も危険な状況になってしまった場合は，頑丈な建物で斜面とは反対側の 2 階以上の部屋へ移動することで少しでも命のリスクを軽減する行動をとりましょう。

図１　東京都港区が公開している土砂災害ハザードマップ（麻布・赤坂地区）（東京都港区）

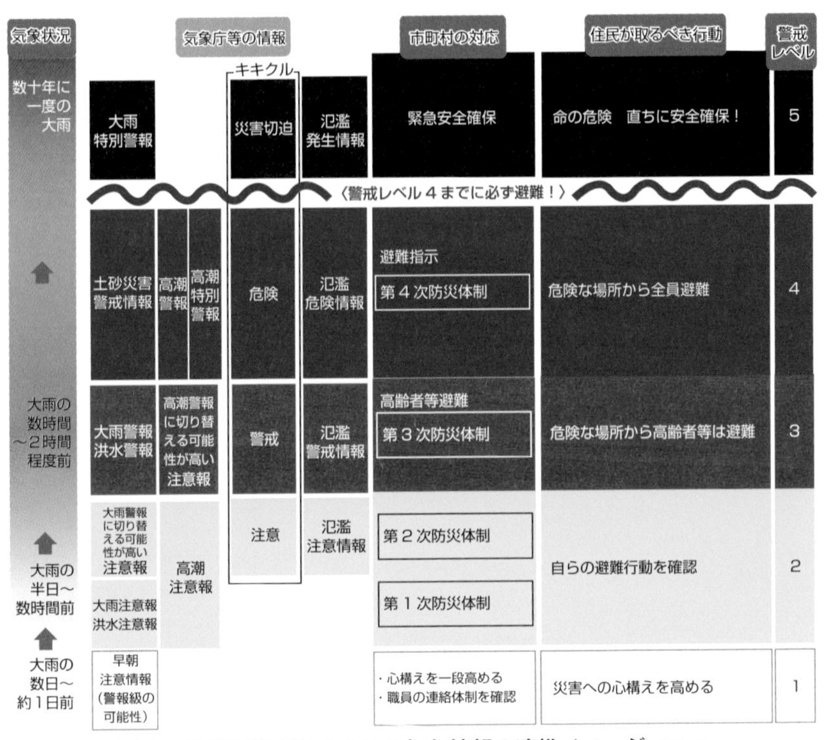

図２　早期避難実現のための気象情報の連携イメージ（気象庁）

コラム COLUMN

熱海土砂災害での土石流発生箇所の特定

2021年7月3日，静岡県熱海市の伊豆山(いずさん)地区の逢初川(あいぞめがわ)で大規模な土石流が発生し，死者27人（関連死含む），行方不明者1人，住宅被害98棟（いずれも2022年6月現在／静岡県発表）の被害を記録しました。

静岡県では事前に県内の高精度3次元点群データ「VIRTUAL SHIZUOKA」を整備していたことから，災害発生前の地形が記録されていました。災害発生直後から産学官の有志が「静岡点群サポートチーム」として集まり，災害発生後にドローンにより計測した地形と災害前を比較することで，短時間で土石流の発生源（土砂が崩落した箇所）を特定し，流出した土砂の量も算出することができました。

さらに国土地理院が過去に撮影した航空写真を遡って確認したところ，2005年撮影の航空写真では未開発だった崩落箇所が，2012年撮影の航空写真では開発されて，盛土がつくられていることが判明しました。地理空間情報技術により，土石流の発生源が近年開発された盛土であると裏づけられたのです。

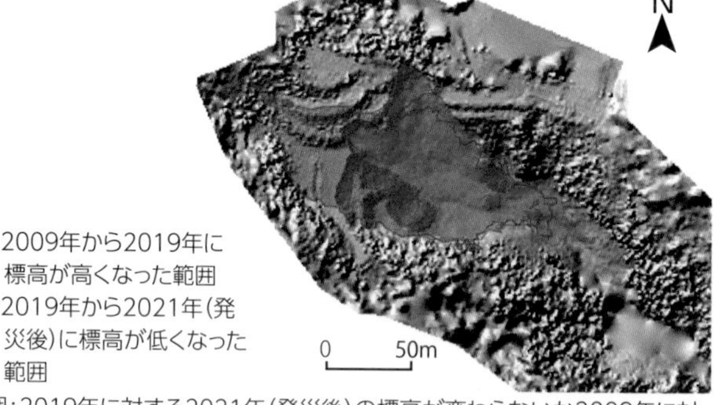

赤枠範囲：2009年から2019年に標高が高くなった範囲
青枠範囲：2019年から2021年（発災後）に標高が低くなった範囲
赤塗り範囲：2019年に対する2021年（発災後）の標高が変わらないか2009年に対する2021年（発災後）の標高が高くなった部分　合計　約21,500㎡
青塗り範囲：2009年に対する2021年（発災後）の標高が低くなった部分　合計　約22,300㎡

図1　2009年，2019年に対する2021年（発災後）の標高変化量（国土地理院資料）

第5章

暴風や猛暑・突発的な大雨

勢力の強い台風が接近すると，交通機関はマヒ状態となり，強風により看板や屋根瓦が飛んだりする被害が生じることがあります。大規模な停電が発生すれば，復旧活動に影響がでます。また，活発な積乱雲の集団が局地的に非常に激しい雨を降らせる時に，突風の被害が起きることがあります。

夏季に記録的な猛暑になると，熱中症の危険度が高まります。特に，都市の内部は排熱や蓄熱により郊外よりも高温となりやすく，将来，地球温暖化が進めば，高温となる日がさらに増えるかもしれません。

強風の被害を軽減するために，家の周りに防風林をつくった地域があります。また，都市の猛暑を軽減するために，緑地を維持することが重要となります。

５章では，暴風や猛暑，突発的な大雨から世界規模の地球温暖化まで，気候変動時代に頻出する自然災害について取り上げています。

1 台風がもたらす記録的な暴風

2019年台風15号(令和元年房総半島台風)

2019年 9 月 9 日, 勢力の強い台風(2019年台風15号)が東京湾にやってきました。関東に近づく台風は, 台風としては最盛期を過ぎて, その円形の雨雲が崩れてくるものが多いのですが, この台風は異例でした。気象レーダーでみると中心付近に台風の眼が確認でき, まるで沖縄を直撃する台風のように, 均整のとれたドーナツ状の雨雲を維持していました(p.97**図 2** 参照)。

台風の通り道となった伊豆諸島近海の海水温は27℃から29℃と異常に高く, 台風の勢力を維持する水蒸気が大量にありました。そのため, 台風の中心構造が崩れないまま, 非常に強い勢力で関東に近づいたのです。

台風の風は, 地上では反時計回りにまわりから吹き込みます。勢力の強い台風では最大風速が33m/s以上となり, 最大瞬間風速は50m/sを超えることもあります。台風15号が千葉県に上陸する直前に, 千葉市では最大瞬間風速57.5m/sを観測しました。トラックが横転したり樹木が倒れたりするほどの猛烈な風です。特に千葉県内では鉄道が運転再開するまで時間がかかり, 高速道路は通行止めが続き, 一般道も交通信号が点灯しない状況で, 交通はマヒ状態となりました。千葉県南部では屋根が壊れるなどの被害が多発しました(**写真 1**)。通信の復旧が遅れ, 被害状況を把握するのに時間がかかりました。

台風15号は朝のうちに関東を通過しましたが, 関東の海沿いを中心に最大で90万軒が停電しました。台風経路の西側では停電は早く復旧しましたが, 東側では復旧が遅れました(**図 2**)。暴風がより激しかったことが原因です。停電のため冷房が使えなくなって, 暑さで体調を崩す人もいました。台風への備えは, 停電が続くことも考えておく必要があるでしょう。

(2019年10月2日ドローン撮影。神奈川大学佐藤孝治研究室提供)

写真1　千葉県鋸南町の暴風被害

台風による暴風で屋根瓦が飛散してたくさんの家に被害が出ました。台風襲来から3週間が経過しても，ブルーシートで覆われた家が多数あります。

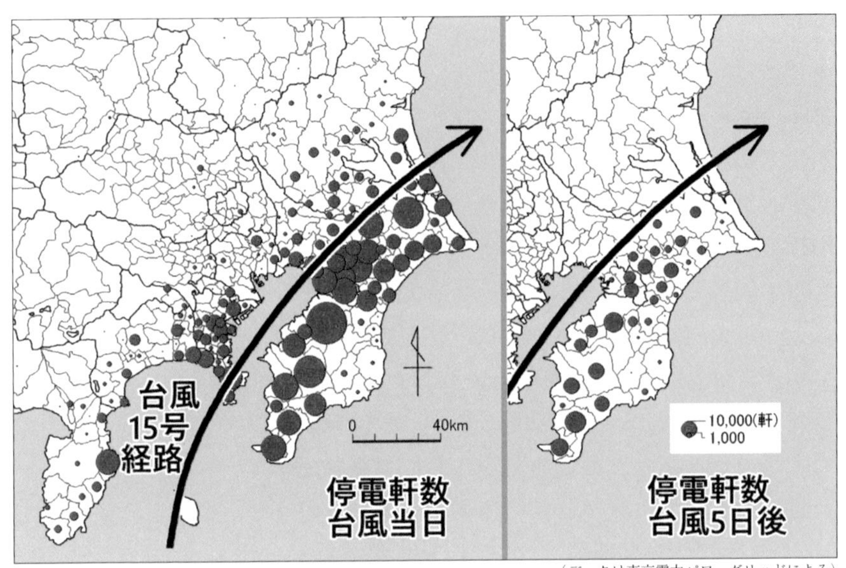

(データは東京電力パワーグリッドによる)

図2　令和元年房総半島台風による停電軒数

台風が直撃した2019年9月9日(左)と14日(右)について，地図の上に停電軒数を表現したものです。停電軒数が多いほど円が大きくなります。台風経路の東側の方が風が強く，停電の復旧が遅れました。

2 年々激化する猛暑

高温は深刻な健康被害を起こします。汗をかくことは,体温を調節する上で重要ですが,大量に発汗すると,体内の水分が失われ脱水状態を起こします。体がだるくなったり,吐き気がしたりする場合があります。また,塩分(ナトリウム)が失われ,手足の筋肉がけいれんを起こすことがあります。熱を体の外に逃がすため,皮膚(ひふ)の下の血管が広がり血液の量が増えると,脳にいきわたる血液が少なくなり,立ちくらみが起きて意識を失うこともあります。こうした熱中症によって,多い年には全国で1000人以上の人が亡くなっています。死者の7割から8割は65歳以上の高齢者です(厚生労働省資料,人口動態統計より〈確定数,2011～2020年〉)。

最高気温が35℃以上となった日を「猛暑日」といいます。長い期間でみると,日本の主要都市では,猛暑日の日数が少しずつ増えています(**図1**)。人口が集中する都市では,人間活動によって大量の熱が放出されます。夏の暑い日は,家庭やオフィスのエアコンの室外機から大量の熱が出ます。飲食店の換気扇から,自動車のエンジンルームからの放熱も都市の気温を上昇させます。また,コンクリートやアスファルトは,日中は太陽の光を浴びて熱を蓄えます(**図2**)。日没後も熱を放出するので,都市の内部では,夜の気温も下がらなくなっています。最低気温が25℃以上の日を「熱帯夜」といいます。夏の寝苦しい夜も昔より増えているのです。都市の内部の気温が郊外より高くなってしまう現象を「ヒートアイランド(熱の島)」といいます。地図上に等温線を描くと,地形図に等高線で表現された島のようにみえることに由来します。

日本列島は海に囲まれています。夏の日中の場合,海から風が吹いてくると,温度上昇は抑えられます(海の気候緩和作用)。一方で,海から離れた内陸では気温が上がりやすい特徴があります。皆さんのお住まいの地域が海の影響を受けやすい場所かどうか,地図を眺めてみましょう。

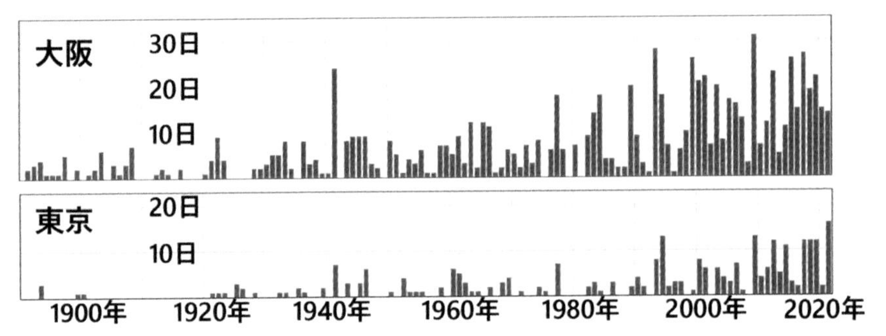

図１　東京･大阪の猛暑日の日数と長期傾向（気象庁データから作成）

猛暑日（日最高気温35℃）以上の日数は，近年増えています。

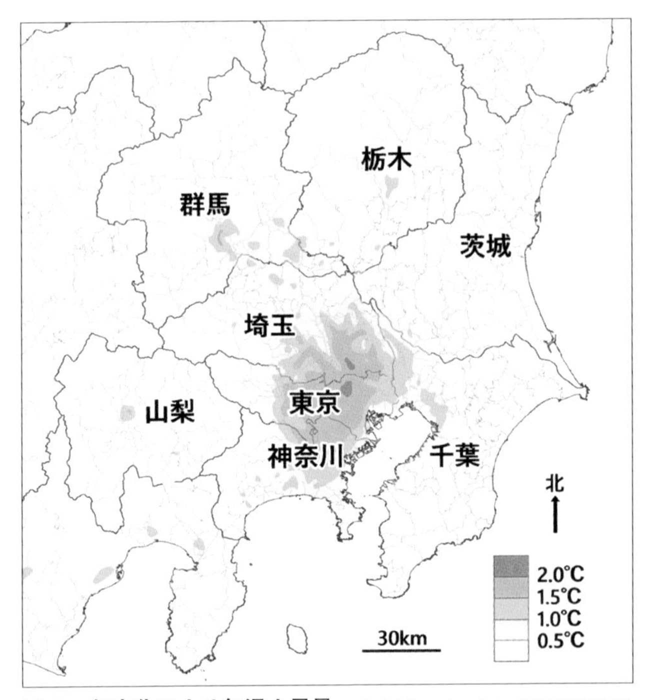

図２　都市化による気温上昇量（気象庁「ヒートアイランド監視報告2017」）

2009年から2017年にかけての 8 月の平均気温について，都市化による気温上昇量を気象庁が推計したものです。神奈川東部，東京，埼玉東部，千葉県北西部に都市化の影響が強く出ています。

3 暴風災害を受けやすい場所

風の向きや風の強さは，地形の影響を受けます。台風がやってくると風がだんだん強まります。海には風を遮(さえぎ)るような山はないので，海上の風は陸上より強いことが多いのです。特に，海に突き出た岬では，強風に見舞われる頻度が多くなります。海からの風が直接吹きつける海岸付近は，台風の接近時に暴風が吹き荒れることもあります。

風がまきあげる砂や塩の害を防ぐために，日本各地の海岸に松林が植えられました。静岡県の三保(みほ)の松原は世界遺産に登録されています（**写真1**）。

山あいの谷間では，谷を囲む尾根が風よけの役割を果たすので，あまり強い風は吹きません。風向きもだいたい決まっていて，谷に沿った方向の風が吹きます（**図2**）。一方，尾根（稜線）では直角に横切る風向きになりやすい特徴があり，谷間に比べると強い風が吹きます。また，周りより高い孤立峰(こりつほう)の山頂付近は，強風の頻度が高い場所です。富士山を観察すると，山頂付近に笠雲(かさぐも)がかかったり，少し離れたところにつるし雲が現れたりします。笠雲やつるし雲は，上空で強風が吹いていることを示しているので，そんな日の登山は危険を伴います。また，雲ができるということは，山の斜面を登る空気が湿ってきている証拠で，天気が下り坂に向かう兆候と考えることができます。

都市ではビルなどの人工構造物によって，空気の流れが乱されています。高層マンションでは上層階ほど強い風の影響を受けます。地面付近では，建物の側面で強い風が吹くことがあります。また，ピロティを吹き抜ける風が思いのほか強く吹くことがあります（**図3**）。

このように自然地形だけでなく，人工構造物も風の吹き方に影響を与えていることがわかります。そして，街の景観を意識して眺めてみましょう。台風襲来時などではとくに強い風が吹きやすい場所を考えることが防災上も重要です。

写真１　三保の松原と富士山（渡部圭吾氏提供）

海岸線に沿う約 3 万本の松林は，防風林・防砂林の目的で植えられたものです。江戸時代の浮世絵にも登場し世界遺産の構成要素にもなっています。

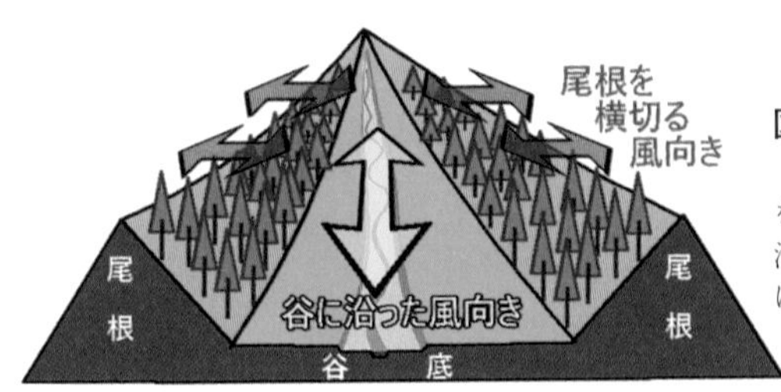

図２　谷の地形と風

風の吹きやすい方向は地形の影響を受けます。山あいの谷間では谷に沿った風が吹きやすく，尾根では直角に横切る風が吹きやすいといえます。

（筆者作成）

図３　ビル風

大きな建物の周辺では，強い風が吹くことがあります。ビルにぶつかった風が建物をよけて吹く場所で風が強まる（剥離流（はくりりゅう））ことが知られています。ビルが並んで立っている場合は，ビルとビルの間で風が強まることがあります。

（筆者作成）

4 線状降水帯が引き起こす豪雨

予測が難しい積乱雲集団

夏の蒸し暑い日に，午前中はよく晴れていたのに，午後になってモクモクとした雲が湧(わ)きあがり，突然激しい雨に見舞われた経験は誰にでもあるでしょう。原因は積乱雲と呼ばれる雷雲です。

積乱雲の高さ（垂直スケール）は，10～16kmにおよび，色々ある雲の中では最も背が高くなります。雲が厚く，雲の下では日中でも薄暗くなります。積乱雲単体の横幅（水平スケール）は，5～10km程度，雨が降る範囲は局地的です。道路の側溝があふれるほどの激しい雨が降ったとしても，隣町では雨がまったく降らない場合もあります。積乱雲単体の寿命は30～60分位です。夏の夕立の場合，雨宿りをしていれば，やがて雨は止みます。

積乱雲が集団化すると，激しい雨が数時間に続く場合があり，土砂災害や浸水の被害を引き起こします。一つの積乱雲が衰弱しても，新たに別の積乱雲が湧きあがるため，集団が数時間にわたって維持されることになります。

この積乱雲集団が，同じ地域に居座ると危険です。2014年8月20日未明には，広島県広島市北部の丘陵地帯で線状降水帯が発生しました（**図1，図2**）。安佐北区(あさきた)三入(みいり)では，たった3時間で217mmの雨量が観測されています。これは，平年の8月の雨量の1.36倍にあたります。安佐南区の阿武山(あぶさん)の東側では，あちこちの谷で土石流が発生して，山麓斜面（八木地区）の住宅を襲い，77人の方が亡くなっています（広島県災害対策本部資料）。

広島県南部を含む山陽地方は，雨の少ない「瀬戸内型気候」に区分される地域です。雨不足になることが多く，昔から溜池(ためいけ)が多くつくられてきました。長い期間で平均した気象の統計では，確かに降水量が少ないのですが，蒸し暑い空気が流れ込むと，「瀬戸内型気候」でも集中豪雨被害が起こることがあるのです。積乱雲集団の発生を正確に予想することは難しいのですが，寝込みを襲う豪雨に対する備えは必要です。

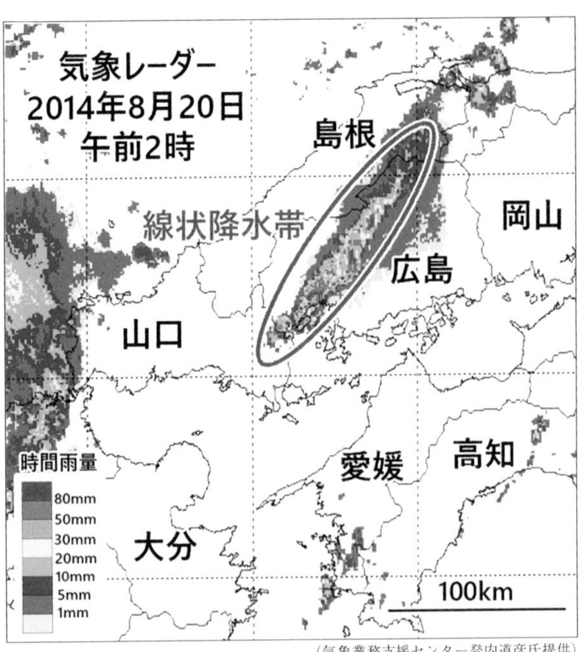

（気象業務支援センター登内道彦氏提供）

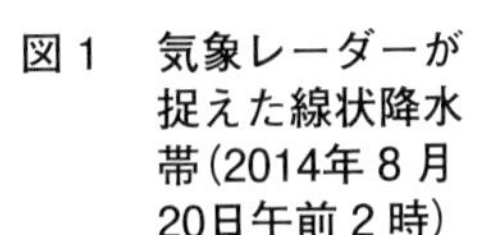

図１　気象レーダーが捉えた線状降水帯（2014年８月20日午前２時）

広島市安佐南区や安佐北区で集中豪雨被害が発生した時のものです。赤い楕円で示したところに注目すると，非常に激しい雨の地域が直線状に連なっていることがわかります。

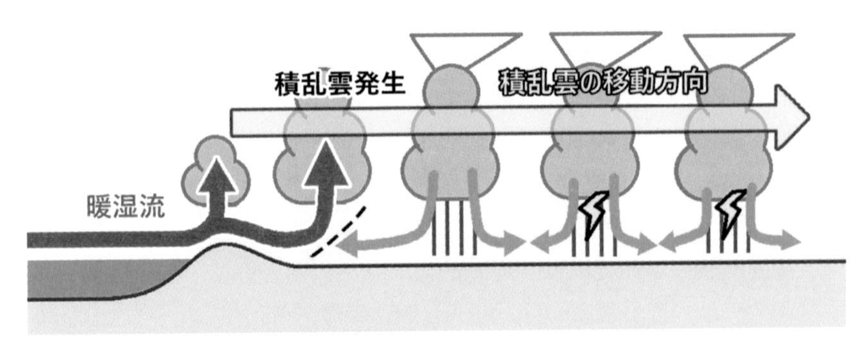

図２　線状降水帯の模式図（気象庁資料を参考に作成）

暖かく湿った空気はたくさんの水分を含んでいて，持ち上げられると雲をつくります。特に，蒸し暑い空気は，小さな山で持ち上げられただけでもすぐに雨雲ができてしまいます。また,先行する雨雲からの冷たい下降流とぶつかると，上昇気流が強まり，活発な積乱雲が発生します。また,ほぼ同じ場所で雨雲ができ，積乱雲の移動方向に変化がない場合は，同じような場所で非常に激しい雨が数時間続き，土砂災害などが発生したりします。

関連項目　3章⑧（p.98）

5 局地的強風による災害

2016年12月22日，新潟県糸魚川(いといがわ)市の飲食店で火災が発生しました。すぐに消防隊が出動して消火活動にあたりましたが，火災は急速に拡大し，焼損(しょうそん)棟数は147棟，焼損床面積は3万213m^{2}に及びました(総務省，糸魚川市HP)。

たった一軒の火事が，大規模火災となってしまったのは，強風に原因があります。この日は，日本海で低気圧が発達して，この低気圧に吹き込む南風が強まりました。この日の糸魚川市は，最高気温が20.5℃まで上がり，12月下旬としては異例の暖かさとなりました。最大瞬間風速は24.2m/sに達しています。山越えの強風が風下側に高温と乾燥をもたらす場合は，火の元に注意が必要です。火災現場では　たくさんの火の粉が巻き上がります。風が強いと，火の粉が風下側に運ばれ，離れた場所でも火災が発生してしまうのです。1952年4月の鳥取大火，1976年10月の酒田大火(山形県)も強風の影響で燃え広がりました。

糸魚川市では，過去にも大火の被害がありました(**図1**)。1932年の大火では，西風によって東の方向に延焼が拡大しました。1928年，1954年の大火では，南風によって北の方向に広がりました。大火のたびに，消防自動車や消火栓など消火活動の為の設備が整えられてきましたが，建物が密集する市街地では，強風時に火事が広がってしまう危険があります。復興中の糸魚川市では，建物を再建する際に燃えにくい建物にし，道路を広げて延焼遮断帯となるように，まちづくりを進めています。

広範囲で風が強い日には，局地的に，さらに風が強まる場所があります。北陸では，富山県の「井波風(いなみかぜ)」(p.152参照)，新潟県の「荒川だし」や「安田だし」などがよく知られています(**図2**)。強風に名前をつけて，強風時に火災に警戒してきた地域もあります。糸魚川市の強い風には，「じもんの風」という呼び方があったそうです。「じもん(地物)」とは，「地元特有の」という意味で，強風が局地的であることを示唆しています。

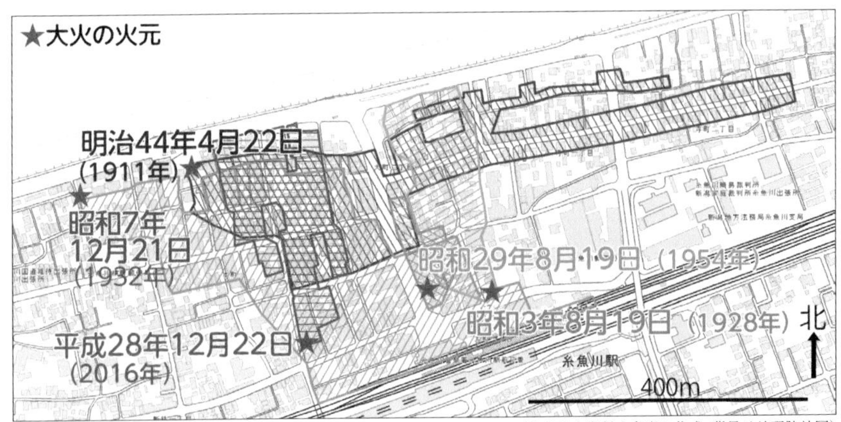

（糸魚川市資料を参考に作成。背景は地理院地図）

図１　糸魚川市の延焼範囲

糸魚川市街では，過去にも大火の被害がありました。西風の強い時には延焼は東に広がり，南風の強い時には延焼は北に広がりました。南風の強風は「じもんの風」と呼ばれていました。作図には，糸魚川市史 6（1984），糸魚川市史昭和編 2（2006），糸魚川市史資料集(2007)を参考にしました。

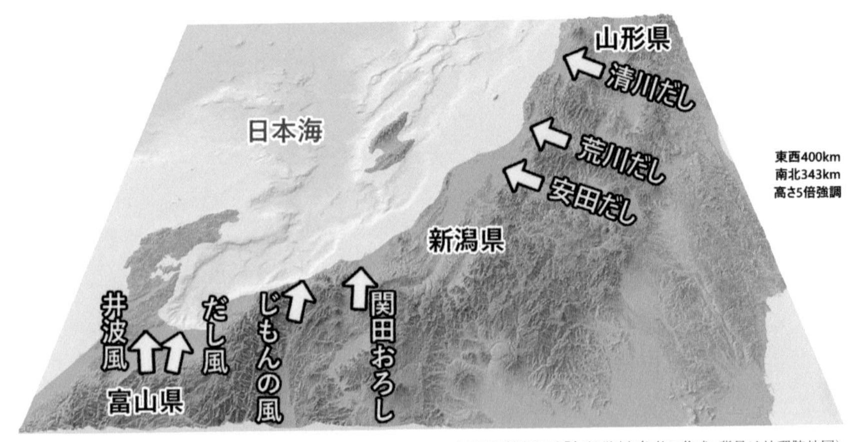

（吉野正敏(1978)「気候学」を参考に作成。背景は地理院地図）

図２　北陸・東北南部における局地的強風の名称

局地的な強風は，それぞれの地方で，名前がついている場合があります。新潟県の「安田だし」のように，お祭りになっている風(阿賀野市「ふるさとだしの風まつり」)もあれば，住民から忘れ去られてしまっているものもあります。市史や町史には昔の大火の記録とともに強風の名称が記されている場合もあります。

関連項目　5 章⑦(p.152)

6 気象情報の活かし方

スマートフォンの普及により，最新の気象情報を誰でも簡単に手軽に閲覧できるようになりました。大雨や暴風，大雪などが現在どうなっているか(実況)，今後どうなるか(予想)について知ることができます。気象庁Webもスマートフォン利用を意識したものになりました(2021年)。

防災気象情報は，地図ベースに重ねて表示され，拡大・縮小表示することができます。インターネットの気象情報を活用するためには，普段からネット地図に慣れておくことが大切です。

気象庁が発表する気象注意報・警報・特別警報は市町村単位で発表されます(**図 1**)。土砂キキクル(土砂災害危険度分布)は，メッシュ情報で画面に表示されます(**図 2**)。洪水キキクル(洪水危険度分布)では，水系図が色分け表示されます(**図 3**)。危険度が高くなると，黄色から赤色にかわり，やがて紫色となります(p.20参照)。紫色の表示は「警戒レベル4」に相当する状況となっていることを意味しています。市町村が発表する「避難指示」などの情報に注意して，危険な場所からただちに避難する必要があります。黒色(災害切迫)は災害が発生したか，発生していてもおかしくない状況で，避難が難しい場合も考えられます。状況に応じて，命を守ることを最優先する判断が求められます。

台風情報では，5 日先までの予報円が表示されます(**図 4**)。暴風警戒域は，風速25m/s以上の暴風域に入る危険性がある区域です。台風の接近については，数日前から把握できるので，事前に備えることができます。梅雨前線による突発的な大雨については，事前に予想することが難しい時があります。活発な積乱雲が列をなして，同じ場所に激しい雨を降らせる「線状降水帯」についても，危険を知らせる情報が発表されるようになりました。気象災害そのものを防ぐことはできませんが，インターネットの情報を活用することで，人的被害を少なくすることはできます。

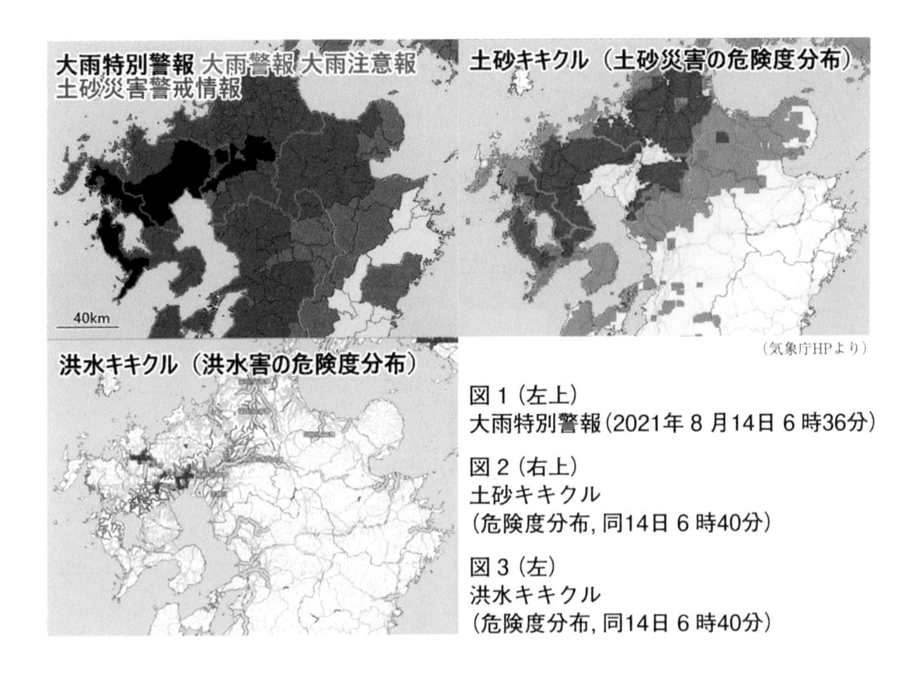

（気象庁HPより）

図１（左上）
大雨特別警報（2021年８月14日６時36分）

図２（右上）
土砂キキクル
（危険度分布，同14日６時40分）

図３（左）
洪水キキクル
（危険度分布，同14日６時40分）

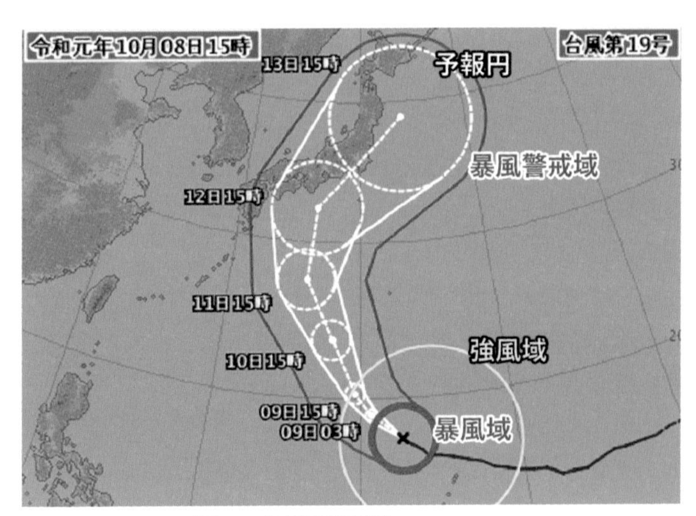

図４　台風進路予想（気象庁HPより）

特別警報や警報・注意報，危険度を示すキキクル，台風の進路予想は，気象庁が発表するものです。気象庁HPで臨時公開され，スマートフォンで内容をみることができます。背景地図は拡大・縮小ができるので，住んでいる地域の情報を詳細に知ることができます。(作図にあたり，詳細な凡例は割愛しました)

関連項目　総論⑩（p.20）

7 強風被害から守る伝統的な知恵

冬季に日本海側に雪を降らせた北西季節風は，脊梁山脈を越えると乾いた風となって，太平洋側に吹き出します。

冬の強風について，近畿では「六甲(ろっこう)おろし」「比良(ひら)おろし」，東海では「伊吹(いぶき)おろし」「鈴鹿(すずか)おろし」，関東では「榛名(はるな)おろし」「赤城(あかぎ)おろし」「那須(なす)おろし」「筑波(つくば)おろし」などがあります(関東地方では「空(から)っ風(かぜ)」と呼ばれることもあります)。風上にあたる山や山脈の名称が強風の名前になっている場合が多いのですが，必ずしも山頂から吹き降りてくるわけではありません。

栃木県北部の那須野が原は「那須おろし」の強風地域として知られています。農家では風の吹いてくる方向にヤウラと呼ばれる防風林(屋敷林)を備えています(**写真 1**)。冬でも葉を落とさないスギなどの針葉樹が植えられました。那須塩原市埼玉(さきたま)地区では，防風林の高さが10m以上にもなり，電柱よりも高いほどです。建物を冬の強風から守ってくれます。

富山県の砺波(となみ)平野では，個々の農家が散在しています(散居村(さんきょそん))。それぞれの家の周りにはカイニョと呼ばれる屋敷林があって，冬の吹雪から建物を守る役割を果たしています(**写真 2**)。

南砺(なんと)市井波(いなみ)エリアでは，春になると「井波風」と呼ばれる強い南風が吹く日があります。井波風は，八乙女(やおとめ)山地北麓の東西約 6 km，幅 3 km の狭い範囲で吹きます。上空の強風が山脈の風下側で地上付近まで下りてくるのが原因と考えられています(**図 3**)。

住居を強風から守る屋敷林は，岩手県胆沢(いさわ)扇状地のエグネ，島根県出雲平野の築地松(ついじまつ)など全国各地にみられます。局地的強風が豊作をもたらすこともあります。富山県の庄川(しょうがわ)あらしは，稲穂の露を蒸発させ病害虫を防ぐ効果があります。秋田県の生保内(おぼない)だしは，民謡で「宝風」と歌われています。

写真１　栃木県那須塩原市の防風林

空からみた那須塩原市埼玉の様子です。建物の裏側（北西側）にヤウラがみられます。強風から建物を守るために土手（土塁）をつくった家もありました。国土地理院空中写真（CKT20122-C15-７），写真の横幅は約750ｍ。

写真２　富山県砺波平野の防風林

空からみた富山県南砺市北市・高瀬付近の様子です。民家が散らばっている様子がみてとれます。民家の南側･東側には鍵括弧型に防風林（カイニョ）がみられます。国土地理院空中写真（CCB20112X-C１-３），写真の横幅は約850ｍ。

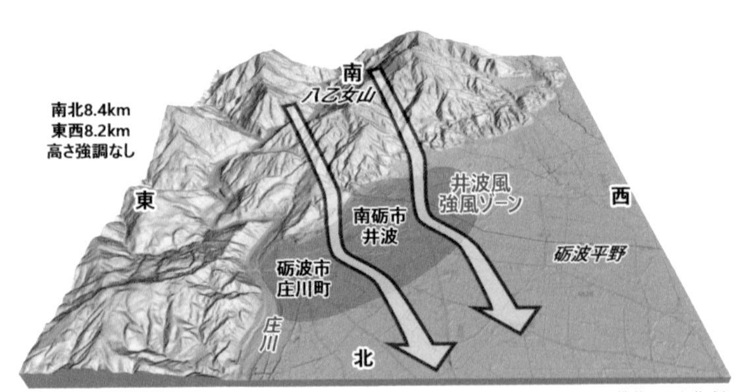

（小柳拓真･日下博幸（2019）を参考に作成。背景の地図は地理院地図３Ｄの機能により作成）

図３　八乙女山から吹き下ろす強風「井波風」

八乙女山を吹き越した強い南東の風が，風下側の山麓に吹き降り，局地的な強風をもたらします。

8 ヒートアイランド対策・緑地の効果

都市の内部では，建物からの人工排熱により郊外より気温が高くなります。また，コンクリートやアスファルトなどの人工地盤に蓄えられた熱は夜間の気温低下を妨げます。冬は寒い日が減って暮らしやすくなったかもしれませんが，夏の暑さはつらくなり，熱中症になる人も増えてきました。ヒートアイランド（p.142参照）を抑制するにはどうしたらよいのでしょうか？

人工排熱を抑えるには，必要以上に冷房を使わないことが大切です。冷房による室内温度の目安として28℃が推奨されています。冷やしすぎると，室外機から余分に熱が放出されてしまいます。夏の炎天下の道路は，裸足では熱くて歩けないくらいの高温となります。道路を舗装（ほそう）する際に，雷おこしのように，路面に小さなすき間ができるようにする新しい工法があります（保水性舗装）。雨水が路面に残るようにしておくことで，水が蒸発する時の気化熱を利用し，路面の温度上昇を抑えるしくみです。また，街中の植物を増やすことも重要です（**図 1**）。夏の炎天下でも植物の葉は熱くはなりません。葉面から水分が蒸発することで，気化熱の効果が働いているのです。学校の校庭を芝生にしたり（校庭緑化），つる性の植物が建物の側面を覆うようにしたり（壁面緑化），屋上に菜園をつくったりすることでも温度上昇を抑制できます（**写真 2**）。なお，これらの緑化は，メンテナンスが大切です。芝生の雑草を抜いたり，落ち葉を片付けたりする必要があるので，手間がかかります。

人通りの多いところに，霧吹きのように，細かい水滴を空気中にスプレーする装置が設置されたところもあります（ドライミスト）。冷房のような涼しさは味わえませんが，気温を 2 ～ 3℃下げる効果があります。住宅地用のドライミストも販売されています。ご近所 4 ～ 5 軒で共同購入して，窓を開けて涼しさを分け合うようになれば理想的です。気象庁と環境省は，「熱中症警戒アラート」を発表しています。情報を活用することで，熱中症の予防ができます。

（筆者作成。背景は，国土地理院空中写真CKT20176-C41-20）

図１　暑さを抑える緑地の効果

緑の多い駒沢公園（東京都世田谷区）内は，周囲の住宅地よりもわずかながら涼しくなっています（クールアイランド）。2018年７月９日15時～16時に行われた駒澤大学学生による気象観測の結果です。

（筆者撮影）

写真２　屋上緑化の例（目黒天空庭園）

首都高速大橋ジャンクションの屋上につくられた緑地で，遊歩道もつくられています。隣接する高層マンションの９階に歩行者デッキで直結しています。

関連項目　5章②（p.142）

9 気候変動と気候危機，気候正義

世界気象機関（WMO）と国連環境計画（UNEP）により設立されたIPCC（Intergovernmental Panel on Climate Change気候変動に関する政府間パネル）は，気候変動についてのさまざまな研究成果をとりまとめて，5 ～ 7 年ごとに報告書を公表しています。

第 1 次報告書が1990年発行で，2023年現在の最新の報告書は第 6 次報告書になっています。かつては温暖化するかどうかが議論の対象でしたが，第 6 次報告書は，①地球が人間の影響で温暖化していることに「疑う余地がない」，②豪雨や猛暑のような極端現象に人間活動が影響していることも疑う余地がない，③世界の気温上昇幅は2030年前後に1.5℃を超える見通し（**図 2**），といったことを報告しています。

極端な気象現象が増えることによって，災害の頻度や規模が変化する可能性があります。例えば豪雨が増えると，水害が頻繁に起こり，一方で旱魃（かんばつ）がより深刻化する地域もあると考えられています。

地球温暖化の原因は二酸化炭素などの温室効果ガスにあるとされています（**図 1**）。こうしたガスは産業革命以来，石炭や石油などの化石燃料を大量に掘り出して燃焼させることにより，大気中の濃度が増加しています。温室効果ガスは，地球から放出される赤外線を吸収する，いわゆる温室効果をもつため，気温を上昇させると考えられています。

今後も気温が上昇を続ければ，海水面の上昇，極端気象の激化，海洋生物や農作物への影響などさまざまな深刻な影響が予想されています。一刻も早く対策を打たなければ手遅れになる危機感から，気候変動よりもより緊急性を高めた「気候危機」という言葉も使われだしています。

この問題は大きな国際問題になっています。温室効果ガスをこれまでに多く排出してきたのは先進国であり，経済発展の恩恵を受けてきました。一方，最近では途上国も生産活動を活発化させ，経済発展をめざしています。今後，排出量を誰が減らし，温暖化を回避する責任を負うべきか，「気候正義」の議論が始まっています。

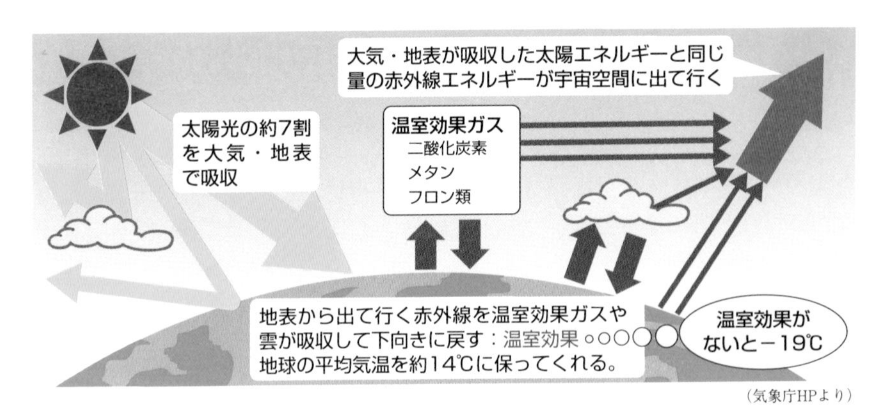

（気象庁HPより）

図１　温室効果の模式図

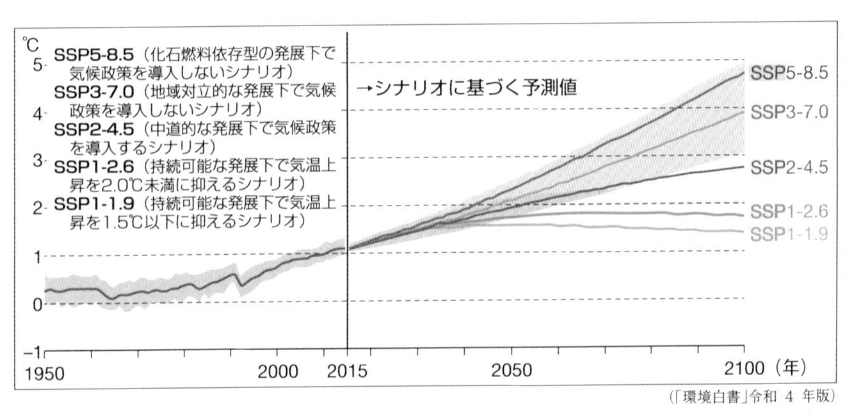

（「環境白書」令和４年版）

図２　各シナリオに基づいた世界平均気温の予測（1850～1900年を基準とした）

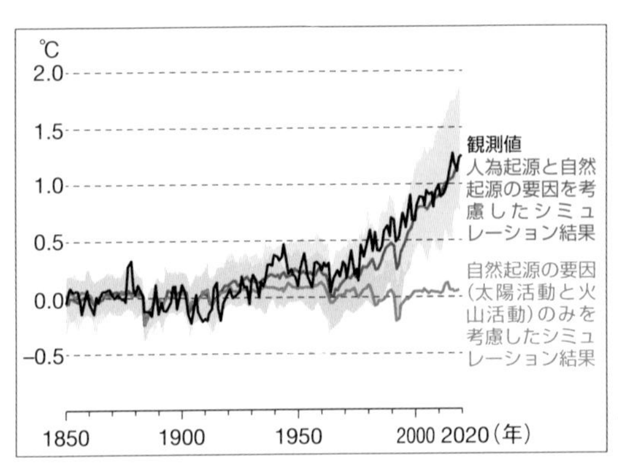

図３　人為的要因の有無で比較した過去170年間の気温変化

青線は自然起源の要因のみを考慮したシミュレーション，赤線は自然起源と人為起源を両方考慮したシミュレーション。黒線は実際に測られた観測値。近年の急激な気温の上昇は自然要因だけでは説明できません。人為的要因を考慮すると観測された気温変化によく合います。1850～1900年を基準とした年平均値で示しました。

（IPCC「第６次評価報告書政策決定者向け要約」より。文部科学省及び気象庁の暫定訳を参考にした）

10 増える「滝のような雨」, 大雨の回数は増える?

1時間に50mm以上の雨は「非常に激しい雨」と呼ばれます。「滝のように」と形容される大粒の雨です。叩きつけるように降って, あたり一面が真っ白く霧のようになり, 車の運転などは難しくなります。

排水が追いつかず, 道路が川のようになり, アンダーパスなど低いところは浸水して, 都市河川があふれたりすることがあります。1時間に50mm以上の降雨(**図1**)は, 日本全国で1年間に約290例発生します(観測点1300地点あたり)。1976年以降の46年間の長期傾向を分析すると, 毎年2.7例ずつ増え, 46年間で59%も増えたことになります。このまま将来も増え続けるとしたら, 従来の設備では, 浸水を防げない場合も出てくるでしょう。気温が高くなると, 空気に含むことができる水分量が増えて, 雨雲が発達しやすくなります。非常に強い雨が増えている背景には, 地球温暖化の影響があるのかもしれません。ただ, 観測期間が46年と短いので, 今後のデータの蓄積が必要です。

1日の雨量(日雨量)が100mm以上となる日数は, 東京では年間1.2日あります (1991～2020年の平均)。毎年1回は起こりうるまとまった雨です。札幌では年間0.1日, 仙台は0.7日, 大阪は0.4日, 福岡は1.6日, 那覇は3.0日あります (いずれも1991年から2020年の平均)。長期間にわたり雨が降り続いている状況で, 日雨量100mm以上の雨が降れば, 地盤は緩み土砂災害が起こりやすくなります。また, 広い範囲で日雨量100mm以上の雨が降れば, 大きな河川が増水して洪水の危険が高まることもあります。

全国51か所の気象観測点のデータを分析したところ, 日雨量100mm以上の日数は, 1901～1930年の30年平均で年間0.8日でしたが, 1991～2020年の30年平均では年間1.1日とわずかに増えています(1地点あたりの日数)。地球温暖化が影響している可能性があります。

気象庁では将来の予測も行っています。20世紀末と21世紀末を比較した場合, 全国のほとんどの地域において日雨量100mm以上の日数が

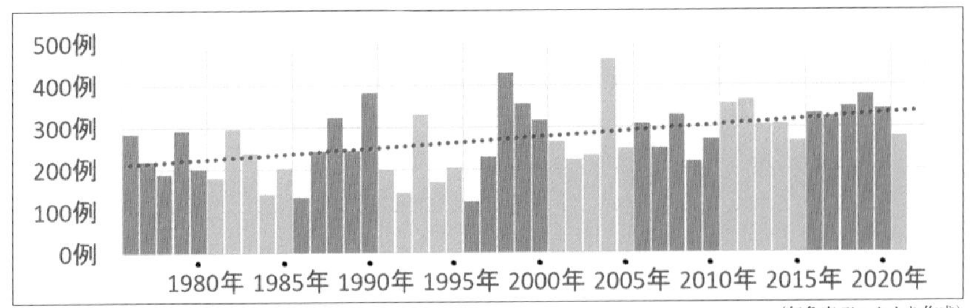

（気象庁データより作成）

図１　非常に激しい雨の回数（1976〜2020年）

アメダス雨量計で観測された非常に激しい雨（１時間に50mm以上）の回数です。年代によって観測点数が変化しているため，1300地点あたりの回数に調整してあります。多い年もあれば少ない年もあります。長期間の傾向（赤い点線）をみると，確実に増えているようです。

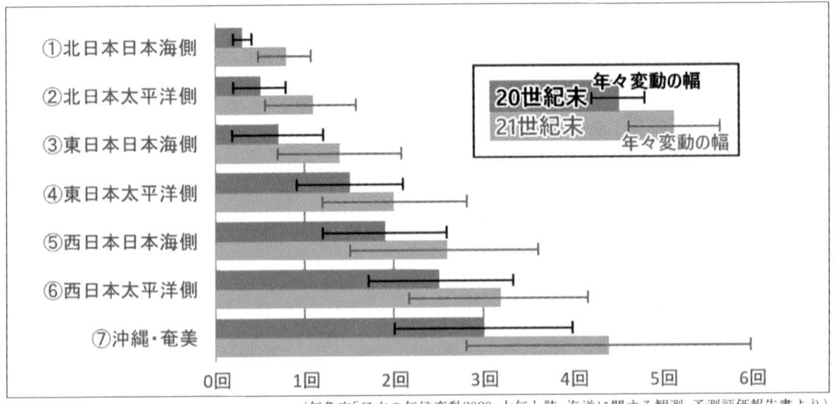

（気象庁「日本の気候変動2020，大気と陸・海洋に関する観測・予測評価報告書より）

図２　大雨の回数の将来予測

１地点あたりの大雨（日降水量100mm以上）の発生回数について，地域別に将来を予想したものです。灰色のグラフは20世紀末（1980〜1999年），赤色のグラフは，４℃気温が上昇する気候モデル（RCP８.５：IPCC第５次報告書における「政策的な緩和策をとらなかった」シナリオ）で2076〜2095年を予想したものです。年による変動は線で表現しました。もともと100mmの大雨は南の地方ほど多い傾向にありますが，すべての地域で大雨が増加する可能性があります。

増加するとみられています（**図２**）。

特に，北日本や東日本日本海側では２倍以上に増えるかもしれません。日本近海の海水温が高くなり，雨雲の素となる水蒸気量が増えることが原因と考えられます。なお，将来予測については不確実な部分があるので，今後の研究にも注目する必要があります。

11 台風の大雨に気候変動が影響？
令和元年東日本台風

2019年台風19号（令和元年東日本台風）は，大型で強い勢力を保ったまま10月12日に静岡県の伊豆半島に上陸しました。

関東地方から東北地方を北東に進み，各地に記録的な大雨をもたらしました。神奈川県箱根町では，24時間の雨量は942.5㎜に達し，日本における歴代１位の記録を更新しています。13都県の144市117町41村５特別区に大雨特別警報が発表されました（**図１**）。千曲（ちくま）川や阿武隈（あぶくま）川など多くの川があふれ，死者104人，行方不明３人，負傷者384人，住家被害は10万1673棟に及びました（10月24日～26日の低気圧の被害を含む）。

台風による死者が100人を超えたのは40年ぶりのことです。堤防工事など水防対策は，昭和の頃から進められてきていて，日本の国土は災害に強くなってきています。ただ近年は，雨の降り方が局地化・集中化・激甚（げきじん）化してきていて，想定していたよりも多くの雨が降ってしまうことが何度かありました。最悪の事態を考えて，ハザードマップの見直しや河川改修工事などが計画されるようになってきています。

すでに，気候変動（地球温暖化）の影響が出始めているのかもしれません。気象庁気象研究所によるコンピュータを使った分析（**図２**）では，令和元年東日本台風の総降水量は，工業化（1850年）以前の気象状況と比較して，14％増加したのではないかと報告されています。まず，台風襲来時の大雨の状況をコンピュータで再現します。次に，気温や海水温のデータを工業化以前の状態に変えて再計算します。二つの計算結果を比較することにより，これまでの気候変動の影響をつかむことができるのです。工業化以前と比較して，気温は約1.4度上昇しています。気温が高いほど空気はたくさんの水分を含むことができますので，高温化が雨量を増やした可能性があります。また，台風は海水温が高いほど発達するので，これまでの気候変動の影響で，海水温が高くなった結果，台風がより発達したとも考えることができます。

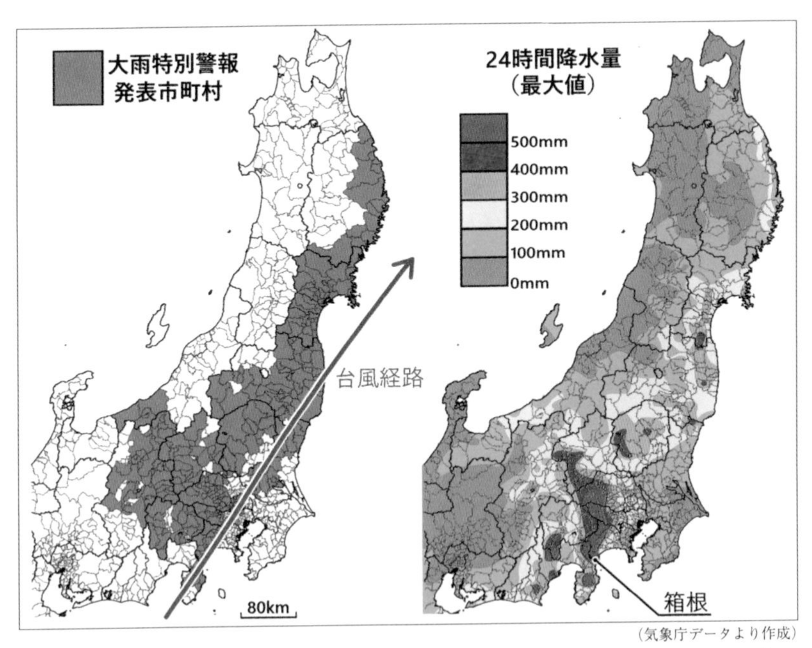

(気象庁データより作成)

図１　大雨特別警報と24時間雨量最大値(令和元年東日本台風による大雨)

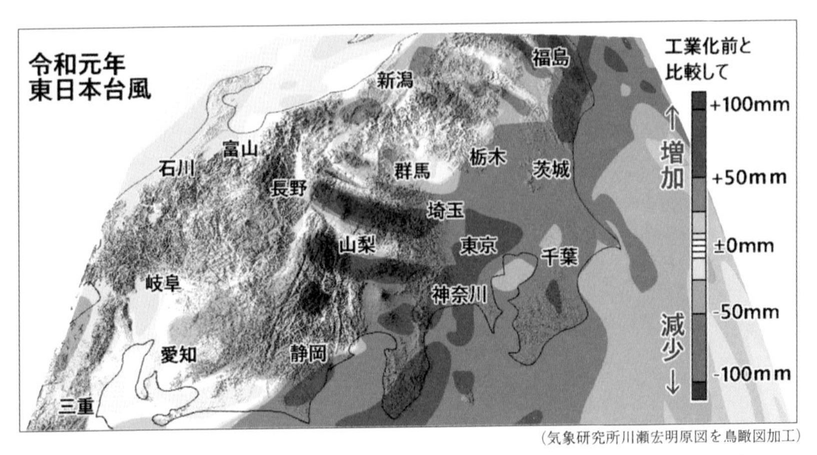

(気象研究所川瀬宏明原図を鳥瞰図加工)

図２　工業化前と現在の雨量の比較(令和元年東日本台風による大雨)

令和元年東日本台風の総雨量は，気候変動の影響をうけて，関東の広範囲で工業化前より多くなってしまったとみられます。一方で，雨が減少したとみられる地域もあります。台風の勢力やコースにより，大雨となりやすい地域は変わってきます。上の図の結果をそのまま今後の予想に使うことはできません。

コラム COLUMN

気候変動適応とは

地球温暖化の対策には，その原因物質である温室効果ガス排出量を削減する（または植林などによって吸収量を増加させる）「緩和」と，気候変化に対して自然生態系や社会・経済システムを調整することにより気候変動の悪影響を軽減する（または気候変動の好影響を増長させる）「適応」の二本柱があります。

「適応」とは，「現実の気候または予想される気候およびその影響に対する調整の過程。人間システムにおいて，適応は害を和らげもしくは回避し，または有益な機会を活かそうとする。一部の自然システムにおいては，人間の介入は予想される気候やその影響に対する調整を促進する可能性がある」と定義されています。気候変動による悪影響を軽減するのみならず，気候変動による影響を有効に活用することも含みます。

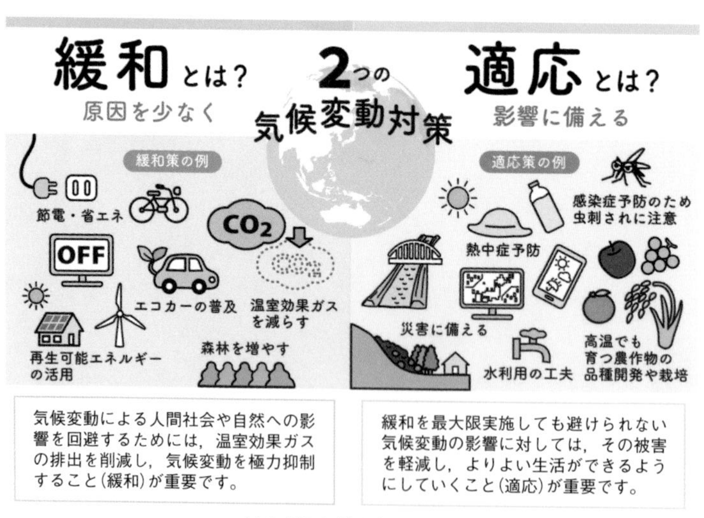

（本文・図とも，「気候変動適応情報プラットフォームポータルサイト」）

図1　気候変動対策（緩和と適応）のイメージ

第6章

地図を使って災害を理解する

本書では，災害が自然の営みと人の営みの接点であることをお伝えしてきました。災害を理解するためには，私たちが住んでいる場所がどのような自然の営みによって造り上げられたのか，そこにこれからどのような自然の働きかけが続いていくのか，また，その上に私たちはどのような生活を営んでいるのかを，具体的に知ることが必要です。このために最も役に立つ情報を教えてくれるのが地形です。

6 章では，私たちの普段の暮らしではあまり意識することのない地形に着目し，地形から自然の営みを語ってもらうために，地形をどのように観ればよいのか，そして，地形が伝える自然の営みを地図から読み取り，災害に備えるためにはどうすればよいのかを考えます。

1 地図は悪夢を知っていた
伊勢湾台風の被害を予測した地図

はじめに，地図と災害の関係を示す原点となった事例を一つ示します。それは1959年のできごとです。

戦後，食糧増産の要請と国土の荒廃や頻発した自然災害を受けて，当時の科学技術庁資源調査会は，地形分類の手法（p.168参照）による治水治山総合対策のための基礎調査を行いました。その報告書として1956年に刊行された「水害地域に関する調査研究」には，大矢雅彦氏（のちに地理調査所［現在の国土地理院］職員，さらに早稲田大学教授）が作成した「木曽川流域濃尾平野水害地形分類図」が添付されました（**図 1**）。

この地図では，木曽川や長良川などが洪水を繰り返しながら形成した地形（黄色や水色）や，伊勢湾に流れ込んだ土砂が形成した地形（濃い水色），周辺よりやや高く洪水のおそれの少ない地形（オレンジ色）などが分類されて示されました。当初ほとんど注目されなかったこの地図が，3年後に大きく脚光を浴びることとなりました。

1959年 9 月26日，潮岬（しおのみさき）付近に上陸した台風15号（伊勢湾台風）は，日本各地に死者・行方不明者5098人に及ぶ甚大な被害をもたらしました（p.88参照）。特に，伊勢湾沿岸では大きな高潮が発生し，これにより濃尾平野南部の愛知・岐阜・三重 3 県で著しい被害が発生しました。

この高潮による浸水地域（**図 2**）と上述の水害地形分類図の三角州（濃い水色）の範囲がよく一致していました。このことが，同年10月11日の中日新聞サンデー版で「地図は悪夢を知っていた」「仏（科学）作って魂（政治）入れず―ピッタリ一致した災害予測」として大きく報じられました（中部日本新聞，1959）（**図 3**）。

地形を分類した地図が災害の予測に大いに役に立つことがはからずも災害によって実証されてしまったのです。

（文部科学省 科学技術·学術政策局 政策課 資源室提供）

図１　木曽川流域濃尾平野水害地形分類図

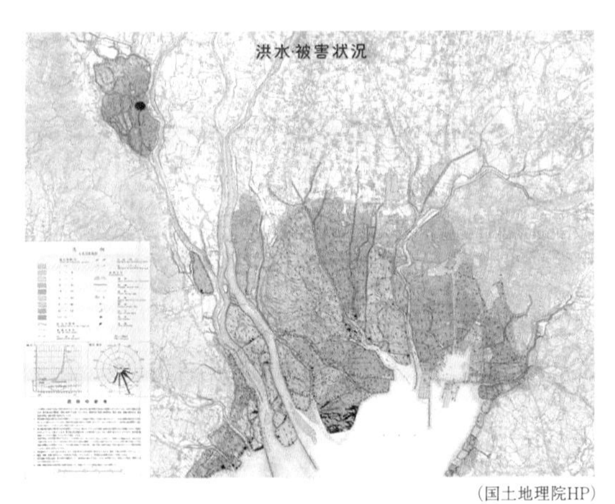

（国土地理院HP）

図２　伊勢湾台風の洪水被害状況
（地理調査所1960）

中日サンデー版

地図は悪夢を知っていた

仏(科学)作って魂(政治)入れず

ピッタリ一致した災害予測

（中部日本新聞, 1959年10月11日）

図３　中部日本新聞サンデー版

関連項目　３章③（p.88）

2 地形は何を語っているか

地形から知る自然の営み

私たちの生活の場である土地は，自然の営みが長い時間をかけて造りあげてきたものです。自然の営みは普段はあまり意識することはありませんが，土石流となって谷を流れ下った巨大な岩塊や，堤防をみるみる突き崩す濁流，洪水が引いた後に一帯を埋め尽くした泥，さらには地震の際に地表に延々と続く断層のずれ，家々を跡形もなく流し尽くした津波の爪痕(つめあと)，火山を流れ下った灼熱の溶岩などを目の当たりにしたとき，私たちは身の回りに自然の営みが息づいていることを実感させられます。

このような自然の営みは，重力，水，風などの地表に直接働きかける力や，火山活動や地殻変動などの地球内部に原因をもつ力によって引き起こされます。このような力を「営力」といいます。ある場所に働く営力は，長い時間スケールでみると変化することなくかかり続けます。上記のような突発的な現象は，私たちの一生のうちに一度遭遇するかどうかの稀(まれ)なできごとですが，数千年，数万年という期間には，何度も繰り返し発生します。その結果，このような現象が累積することによる地形が形成されます。

例えば，山地から流れ下った土石流が何度もさまざまな方向に土砂を堆積させると扇状地が形成されます。また，地震の時の断層のずれはせいぜい数mですが，数千年に一度の地殻変動が数10万年繰り返されると高さ数100mの崖になります。その間には，雨や水の流れによる侵食などの別の自然の営みも働きます。私たちの周りの地形は，このようなさまざまな自然の営みの結果として形成されてきました。すなわち，現在の地形から，そのような形成のプロセスを逆にたどれば，その場所に働く自然の営みを知ることができ，将来起こりうる現象を予測することができるのです。

このように，地形を形成プロセスという観点から詳しくみることにより，土地の成り立ちを知り，その場所に働く自然の営みを推察することを，「地形発達史を編(あ)む」といいます。そのために重要な作業が「地形分類」

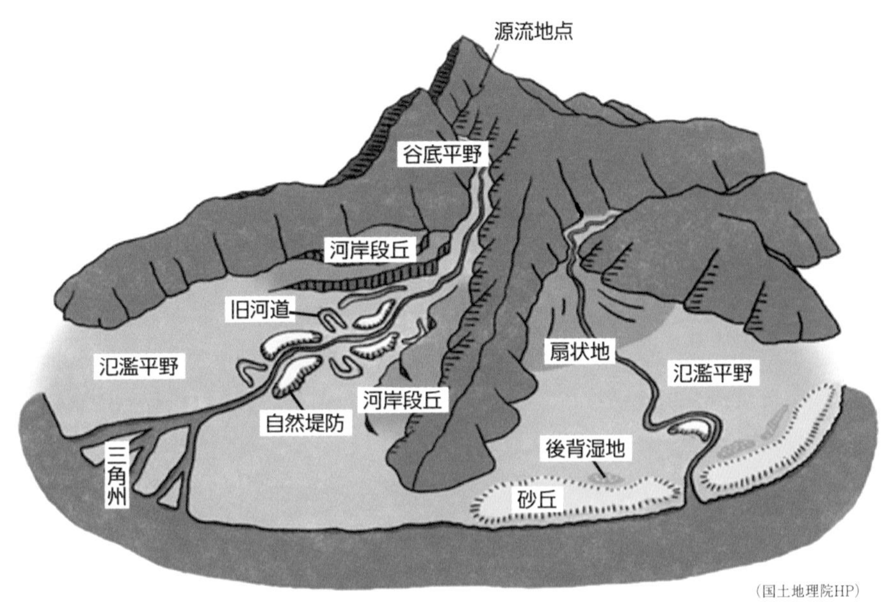

図１　地形の分類

です。地形の形態と成因に着目して，同じ性質をもつ一連の範囲を認定し，基準に基づいて分類する作業です。地形分類では，地表は営力によってその形態が変化していき，ある程度の時間がたつと，同じ営力の影響を受ける範囲はそれぞれの特徴を持った一連の面(「地形面」)となり，地表はこれらの地形面の集合で構成されていると考えます。地形を細かく観察し，形成した営力を推定して地形面に分類する作業が地形分類です（**図１**）。また，ある場所に働く営力は，長い時間の中では，気候の変化や他の営力の影響により変化します。このため，地形面には，現在も変化し続けているものと，過去の営力の結果として残されたものがあります。地形分類を行うことにより，その場所に，いつ，どのような力が働き，どのようにその土地が成り立ってきたのかを明らかにすることができるのです。

3 地形分類① 地形はどのように分類されるか

地形分類を行うためには，現地踏査で微細な地形や地表を構成する物質などを観察するほか，地形図や航空写真で地表のようすを面的に把握することが重要です。特に，地形を立体的に表現した地図を観察したり，航空写真を立体的に観察したりしながら，地表の微細な形態やその分布のパターンを判読することは，地形分類で最も重要な作業です。把握した地形の特徴と，気候や海面変動などの過去の環境変化や火山活動，地殻変動など，その地域に働く営力に関する知識を照らし合わせて，地形発達史を編(あ)み，それをもとに地形を形態，成因，形成年代などに基づいて分類した地図を「地形分類図」といいます。地形分類図を作成するためには，地形図読図や航空写真判読の技能と，過去の環境変化に関する知識に基づく地形形成のプロセスを考えることのできる高度な技術が必要で，専門的な機関でしか行うことができません。

国の機関で作成され，公開されている地形分類図には次のようなものがあります。それぞれの目的によって表示項目が異なっていますが，いずれも地形から土地の成り立ちを読み取ることができる地図です。

国土地理院の「土地条件図」は最も代表的な地形分類図です。伊勢湾台風の被害をきっかけにして（p.164参照），1960年から主な平野部について順次作成が進められてきました。また，「治水地形分類図」は，河川管理のためにより詳しい地形の情報を整備してほしいという国土交通省地方整備局の依頼を受けて，国土地理院が，国が管理する河川の流域について作成した地図です。この他，火山の成り立ちを示した「火山土地条件図」（p.174参照），活断層の活動による地殻変動で形成された地形を示した活断層図（p.177参照），地すべりなどの土砂移動でつくられた地形を示した「地すべり地形分布図」，分類を簡略化して全国をカバーした土地分類基本調査の 5 万分1「地形分類図」などが作成，公開されています。また，国土地理院が地理院地図で公開している「地形分類（ベクトルタイル提供実験）」（**表 1**）は，ワンクリックするだけでその場所の地形分類

配色	地形分類	土地の成り立ち	地形から見た自然災害リスク
	山地	尾根や谷からなる土地や，比較的斜面の急な土地。山がちな古い段丘崖の斜面や火山地を含む。	大雨や地震により，崖崩れや土石流，地すべりなどの土砂災害のリスクがある。
	崖・段丘崖	台地の縁にある極めて急な斜面や，山地や海岸沿いなどの岩場。	周辺では大雨や地震により，崖崩れなどの土砂災害のリスクがある。
	地すべり地形	斜面が下方に移動し，斜面上部の崖と不規則な凹凸のある移動部分からなる土地。山体の一部が重力により滑ってできる。	大雨・雪解けにより多量の水分が土中に含まれたり，地震で揺れたりすることで，土地が滑って土砂災害を引き起こすことがある。
	台地・段丘	周囲より階段状に高くなった平坦な土地。周囲が侵食により削られて取り残されてできる。	河川氾濫のリスクはほとんどないが，河川との高さが小さい場合には注意。縁辺部の斜面近くでは崖崩れに注意。地盤はよく，地震の揺れや液状化のリスクは小さい。
	山麓堆積地形	山地や崖・段丘崖の下方にあり，山地より斜面の緩やかな土地。崖崩れや土石流などによって土砂が堆積してできる。	大雨により土石流が発生するリスクがある。地盤は不安定で，地震による崖崩れにも注意。
	扇状地	山地の谷の出口から扇状に広がる緩やかな斜面。谷口からの氾濫によって運ばれた土砂が堆積してできる。	山地からの出水による浸水や，谷口に近い場所では土石流のリスクがある。比較的地盤はよいため，地震の際には揺れにくい。下流部では液状化のリスクがある。
	自然堤防	現在や昔の河川に沿って細長く分布し，周囲より０．５～数メートル高い土地。河川が氾濫した場所に土砂が堆積してできる。	洪水に対しては比較的安全だが，大規模な洪水では浸水することがある。縁辺部では液状化のリスクがある。
	天井川	周囲の土地より河床が高い河川。人工的な河川堤防が築かれることで，固定された河床に土砂が堆積してできる。	ひとたび天井川の堤防が決壊すれば，氾濫流が周辺に一気に拡がるため注意が必要。
	砂州・砂丘	主に現在や昔の海岸・湖岸・河岸沿いにあり，周囲よりわずかに高い土地。波によって打ち上げられた砂や礫，風によって運ばれた砂が堆積することでできる。	通常の洪水では浸水を免れることが多い。縁辺部では強い地震によって液状化しやすい。
	凹地・浅い谷	台地や扇状地，砂丘などの中にあり，周辺と比べてわずかに低い土地。小規模な流水の働きや，周辺部に砂礫が堆積して相対的に低くなる等でできる。	大雨の際に一時的に雨水が集まりやすく，浸水のおそれがある。地盤は周囲(台地・段丘など)より軟弱な場合があり，とくに周辺が砂州・砂丘の場所では液状化のリスクがある。
	氾濫平野	起伏が小さく，低くて平坦な土地。洪水で運ばれた砂や泥などが河川周辺に堆積したり，過去の海底が干上がったりしてできる。	河川の氾濫に注意。地盤は海岸に近いほど軟弱で，地震の際にやや揺れやすい。液状化のリスクがある。沿岸部では高潮に注意。
	後背低地・湿地	主に氾濫平野の中にあり，周囲よりわずかに低い土地。洪水による砂や礫の堆積がほとんどなく，氾濫水に含まれる泥が堆積してできる。	河川の氾濫によって周囲よりも長期間浸水し，水はけが悪い。地盤が軟弱で，地震の際の揺れが大きくなりやすい。液状化のリスクがある。沿岸部では高潮に注意。
	旧河道	かつて河川の流路だった場所で，周囲よりもわずかに低い土地。流路の移動によって河川から切り離されて，その後に砂や泥などで埋められてできる。	河川の氾濫によって周囲よりも長期間浸水し，水はけが悪い。地盤が軟弱で，地震の際の揺れが大きくなりやすい。液状化のリスクが大きい。
	落堀	河川堤防沿いにある凹地状の土地。洪水のときに，堤防を越えた水によって地面が侵食されてできる。	河川の氾濫や堤防からの越水に注意。周囲の地盤に比べて軟弱なことが多く，液状化のリスクが大きい。
	河川敷・浜	調査時の河川敷や，調査時または明治期等に浜辺，岩礁である土地。	河川の増水や高波で冠水する。河川敷は液状化のリスクが大きい。
	水部	調査時において，海や湖沼，河川などの水面である場所。	
	旧水部	江戸時代または明治期から調査時までの間に海や湖，池・貯水池であり，過去の地形図などから水部であったと確認できる土地。その後の土砂の堆積や土木工事により陸地になったところ。	地盤が軟弱で，液状化のリスクが大きい。沿岸部では高潮に注意。

表 1　地形分類(ベクトルタイル提供実験)に表示されている自然地形 (国土地理院HP)

やその成り立ち，災害リスクが表示されるほか，拡大縮小が自由にでき，他の情報との重ね合わせや３Ｄ表示などもできます。まずは，地形分類(ベクトルタイル提供実験)を地理院地図でみることをおすすめします。

4 地形分類② 地形の成り立ちを知る

地形分類図に表示された主な地形が，それぞれどのように成り立ってきたのか，どのように災害と関わるのかを詳しくみてみましょう。

山　地　山地は，地殻変動や火山活動などの結果，相対的に標高が高くなっている地域です。

ここでは，主に重力と水の作用により，常に土砂が下方に向かって移動しています。特に，大雨や地震などの際には，大量の土砂が一気に移動します。広い範囲がまとまって移動した跡は，地すべり地形という馬蹄（ばてい）形の特徴的な地形が形成されます。

山地は土砂生産，移動の場なので大雨や地震などの際に斜面崩壊や地すべり，土石流など，土砂が急速で下方に移動することによる土砂災害が発生しやすい場です。

扇状地　山地を流れる河川は，雨などが山地斜面を削って生産された大量の土砂を運んでいます。河川が山地から平地に出たところで傾斜が緩くなると，河川の流速が遅くなり，運んできた石や砂を運びきれなくなり，その場に堆積して，河川の周囲は周辺より高くなります。すると，河川はより低い場所を求めて，右や左に流路を変えて流れ，再び石や砂を堆積させます。このような働きが繰り返されることで，山地の出口を中心とした扇状の土地が形成されます。

扇状地では，山地から大量の土砂が襲ってくる可能性があります。特に，大雨の際に土石流が発生すると，ふだんの河川の状況からは想像できない巨大な岩が高速度で運ばれ，大きな災害となるリスクがあります。一方で，粒の大きな石や不揃いの砂で構成されていることから，地震の際に揺れが増幅されることや液状化が発生するリスクは比較的小さいです。ただし，扇状地末端部の，粒の大きさが揃った砂の地盤で湧水など地下水が豊富なところでは，液状化のリスクが考えられます。

台地・段丘　扇状地や河川沿いの平地では,階段状に周辺より高い平坦な地形がみられることがあります。これは，かつて形成された扇状地や，河川沿いの氾濫平野などが，気候変化，海面変化などの環境の変化や地殻変動，火山活動などにより河床が変化し，侵食されて残った地形です。土地の成り立ちに関わる大きな環境変化としては，1）約13万年前の温暖な気候で現在より10mほど高い海面で安定した時期，2）その後寒冷な気候に変化して約2万年前をピークに現在より100m近く海面が低下した時期，3）約1万年前の最終氷期が終わり,約6千年前にかけて急速に温暖化して海面が上昇した時期(縄文海進)があり，日本の台地・段丘の多くはこれらの大きな環境変化の影響で形成されました。

台地・段丘には，現在の河川の作用がほとんど及ばないことから，洪水，土砂災害などのリスクはほとんどありません。また，土砂が堆積してから比較的長い時間が経っていることから，地盤がよく締まっており，揺れの増幅は比較的小さく，また，水はけのよい地盤であることが多いことから，液状化のリスクも小さいと考えられます。

氾濫平野，三角州，自然堤防，後背低地，旧河道　平地では，河川は蛇行し，洪水のたびに流路を変えながら，周辺に運んできた砂や泥を堆積させて，広い平坦な地形(氾濫平野)をつくります。

河口部では，河川が運んできた泥により浅い海が埋め立てられて陸地となった三角州が形成されます。氾濫平野には，洪水の際に，洪水流で運ばれてきた石や砂が堆積し，周囲より少しだけ高い地形となった自然堤防や，自然堤防の背後で氾濫水が運んだ泥が堆積し周囲よりやや低い後背低地，かつての河川の流路の跡で周辺より低い地形となっている旧河道などがあります。いずれも6千年前以降繰り返された洪水によりつくられた地形で，今後も洪水のリスクが大きく，後背低地や旧河道は洪水の際に長期間浸水しやすい地形です。また，土砂が堆積してから時間を経ておらず，細かく粒径(りゅうけい)が揃った砂や泥で構成されているので地盤が軟弱で，地震の際に揺れが増幅され，大きな地震動となります。さらに，地盤に水分を多く含み，液状化が発生しやすい土地でもあります。

5 地形分類③ 地形分類図から読み解く土地の成り立ち

図1は国土地理院の地理院地図で表示した「地形分類(ベクトルタイル提供実験)」(p.168参照)で公開されている地形分類(自然地形)の一例です。この地図を使って表示地域の土地の成り立ちを読みとってみましょう。

aは台地・段丘です。おそらく数万年前，今と異なる環境(気候や海面の高さ)のもとで河川が形成した地形で，現在はほとんど営力を受けていません。

図の中央部分(b～e)は，台地・段丘がその後の環境の変化で川によって侵食され，aより低くなって，河川の営力を受け続けている地域です。

bは氾濫平野です。中央を流れる川が洪水を起こして上流から運んできた土砂で周辺を埋めることを繰り返し，結果としてほぼ平坦な地形になっています。

cは旧河道です。中央の川は現在，堤防で守られて流路を変えることはありませんが，堤防が築かれる前は，洪水のたびに流路を変えていました。中でも比較的最近まで(といっても数百年前くらい)川が流れていた場所です。周辺より少し低くなっています。

dは自然堤防です。大雨の時には，勢いを増した川の流れが，通常運んでいる泥や砂より粒の大きい砂や石ころを運んできます。洪水が起こるとその砂や石ころが洪水流とともに流され，水が引いた後にその場所に堆積します。このため，周辺より少し高く，最大で1～2m高くなっています。

eは後背低地です。自然堤防の背後などで土砂があまり供給されず，洪水の際の土砂で埋められずに周辺の氾濫平野よりやや低い土地として残された場所です。水はけが悪く，湿地となっている場合もあります。

このような地形の特徴から，この地域の地形発達史を考えると次のようになります。

数万年前，今と若干異なる環境の下で，今より少し高いところを流れ

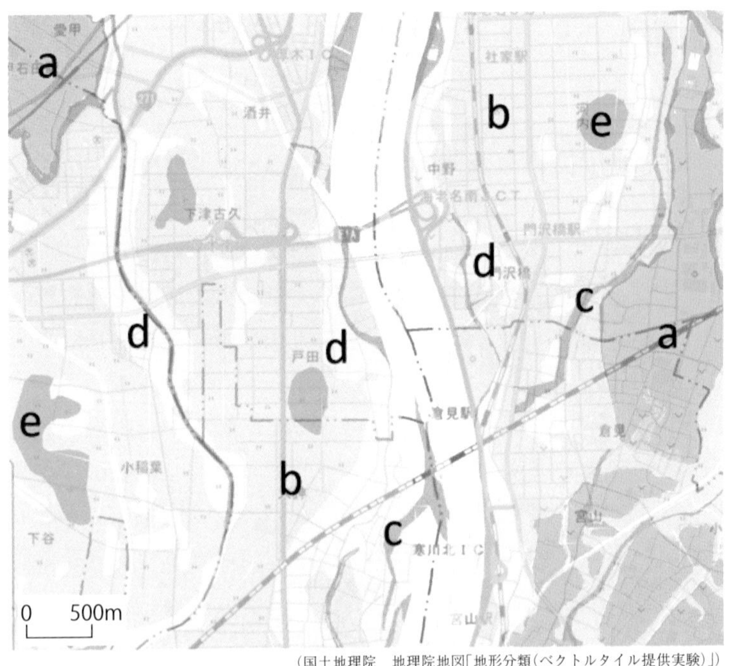

（国土地理院　地理院地図「地形分類（ベクトルタイル提供実験）」）

図 1　地形分類（自然地形）の例

a：台地・段丘　b：氾濫平野　c：旧河道　d：自然堤防　e：後背低地

ていた川が，この地域全体に**a**の高さでほぼ平坦な地形を形成しました。その後，環境が変わり，海面が低下して，川が**b**～**e**の範囲を侵食して谷を形成し，残された平坦面は**a**の台地・段丘となりました。さらにその後再び環境が変化して**b**～**e**が堆積の場となり，川は谷を土砂で埋めてほぼ現在の高さを流れるようになりました。川が谷を埋め尽くして平坦な氾濫平野（**b**）を形成してからは，川は平野の中をあちこち流路を変え，洪水のたびに土砂を堆積して自然堤防（**d**）や後背低地（**e**）などの地形を形成しました。現在は川の流路は堤防で固定されていますが，今後洪水で堤防が決壊したり川の水があふれたりすると，川が流路を変え，周辺に土砂をためる営みは続いていくものと考えられます。

関連項目　6 章③（p.168）

6 地形分類④ 火山の成り立ちを知る

活動的火山の周辺地域の土地の成り立ちは，これまで述べてきた河川が形成した地形とは全く異なっています。

火山活動で噴出した噴石や降灰，火口から流出した溶岩流や火砕流，大規模な噴火により吹き飛ばされた火口や大量の火砕流の噴出に伴い火山体が陥没して形成されたカルデラなど，火山独特の地形が形成されます（**図 1**）。

また，短期間に形成された地形であることから火山そのものが不安定で，噴出物が水とともに火山泥流となって流下したり，火山体が大規模に崩壊して岩屑（がんせつ）なだれとなって高速で流れ下ったりすることもあります。このような火山の成り立ちは，火山一つひとつがそれぞれ異なる特徴を持っています。

このような火山の成り立ちを理解し，災害を防ぐため，火山ごとに，「火山土地条件図」が作成されています。それぞれの火山の活動の特徴を適切に示すよう，火山ごとに表示内容が検討され，縮尺や表示範囲についても，火山の活動特性や影響が及ぶ大きさを踏まえて火山ごとに決定されます。

図 2 は北海道の有珠（うす）山の火山土地条件図の一部です。有珠山は，噴出する溶岩の粘性が高く，溶岩流が遠くまで流下することがなく，比較的規模の小さい溶岩円頂丘（溶岩ドーム：粘性の大きな溶岩が地表に現れた丘状の地形）を噴火のたびに形成する，といった特徴があるため，溶岩円頂丘や潜在溶岩円頂丘（溶岩が地表まで到達しなかった溶岩円頂丘）をわかりやすく表示する火山土地条件図が作成されました。

このような情報は，関係する自治体や関係機関，火山研究者などにより構成されている火山防災協議会に提供され，避難計画の策定や火山防災マップの作成に活かされているほか，火山の成り立ちを理解し，火山災害のリスクを踏まえた安全な登山のための資料として活用されます。

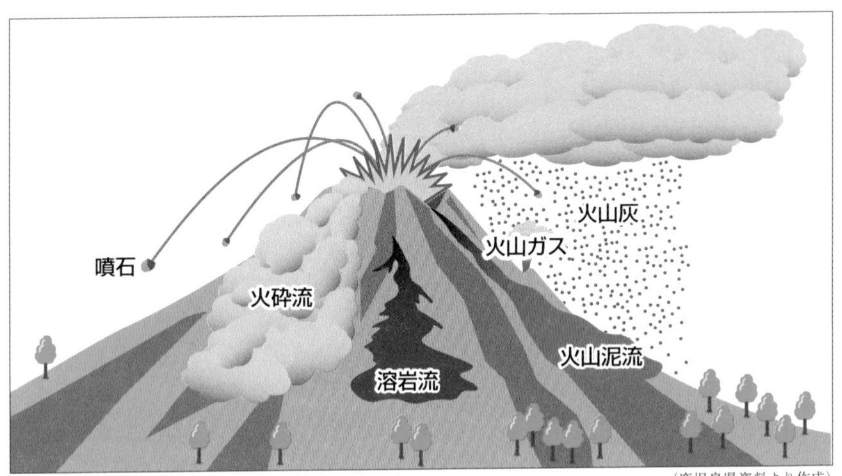

（鹿児島県資料より作成）

図 1　火山で起こるさまざまな現象

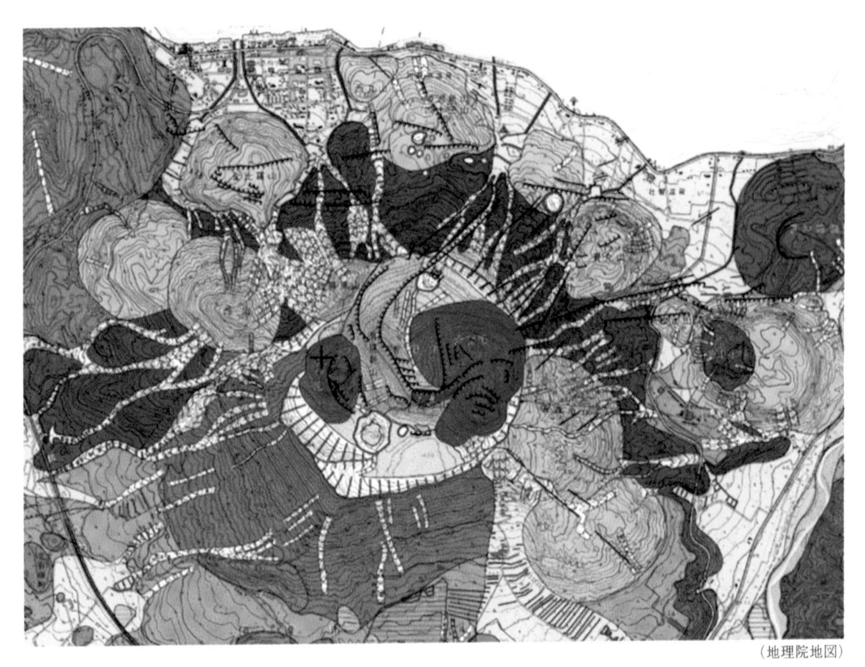

（地理院地図）

図 2　国土地理院の火山土地条件図「有珠山」（一部）

過去の噴火でできた火口（赤丸）や，溶岩円頂丘（赤），潜在溶岩円頂丘（ピンク），噴火の際に地表に現れた断層（黒）などが示され，火山の成り立ちが読み取れます。

7 地形分類⑤ 地震がつくった地形

地震は地下の断層がずれることで地震動が発生し，周辺に揺れが伝わっていく現象です。日本で発生する地震のメカニズムについては第1章で述べましたが，このうち，直下型の地震は，断層がずれて揺れが発生する場所が私たちの生活の場に近いので，大きな被害につながります。そのような地震を引き起こす可能性のある活断層(p.46参照)の場所をあらかじめ特定しておくことはできないのでしょうか。

断層がずれて地震が発生すると，断層で断ち切られた地層には ずれ が生じ，周辺の地層は ずれ に引きずられて変形します。多くの場合，地層のずれや変形は，地震後ほぼそのまま残されます。断層のずれが地表まで到達していると，地表にずれが現れます(地表地震断層)。ずれが地表に到達していなくても，ずれで引きずられた変形(撓曲(とうきょく))が地表に現れることがあります。1回の地震でずれる量は最大で数mです。これまで日本で観察された最も大きな地表のずれは1891年の濃尾地震(マグニチュード8.0)」の際に現在の岐阜県本巣(もとす)市に現れた「水鳥(みどり)断層崖」で，8mのずれが地表に現れました。また，1995年の兵庫県南部地震や2016年の熊本地震の際に，いずれも最大約2mのずれが地表に現れています(**写真2**)。

ある活断層に地震が発生すると，その活断層にかかる歪(ひず)みはいったん解消し，次のずれが生じるまで歪みが蓄積するためには通常数百年から数千年かかります。しかし，数万年，数10万年という長い間にこのようなずれが繰り返されることで，1回のずれは数mでも，それが累積して特徴的な地形を造ります。このような地形を詳しく観察することで，活断層の位置とずれの平均的な速さを知ることができます。

このような地形をみつけるためには，前項までに説明した，水や重力などによる“通常”の地形の形成プロセスでは説明できない地形であるかどうかを見極める必要があります。例えば，水は常に最大傾斜方向に向かって流れますから，上流側が低くなっているような崖や，突然鋭角に曲がっている川などの“異常”な地形が線状に並んでいたりすると，活断

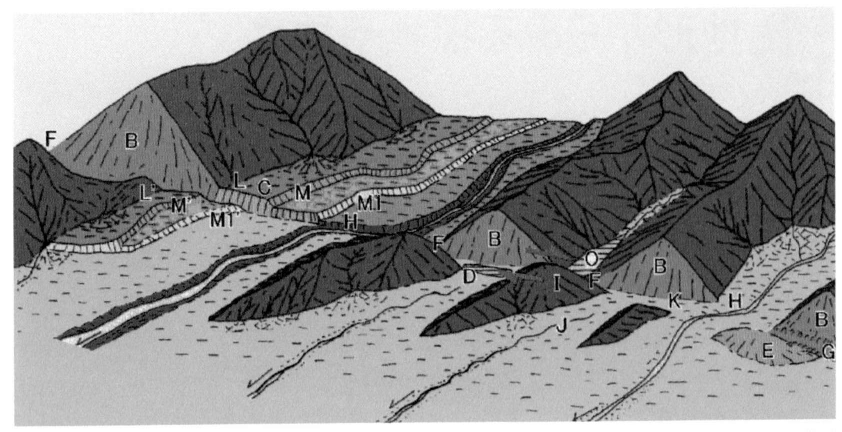

B：三角末端面，C：低断層崖，D：断層池，E：ふくらみ，F：断層鞍部，G：地溝，H：横ずれ谷，I：閉塞丘，J：截頭谷，K：風隙，L-L‘：山麓線のくいちがい，M-M' 段丘崖（M，M１）のくいちがい，O：堰き止め性の池

（活断層研究会編〔1991〕をもとに地震調査研究推進本部作成）

図１　活断層が形成する地形の例

（筆者撮影）

写真２　2016年熊本地震（M７.２）に伴い発生した地表地震断層

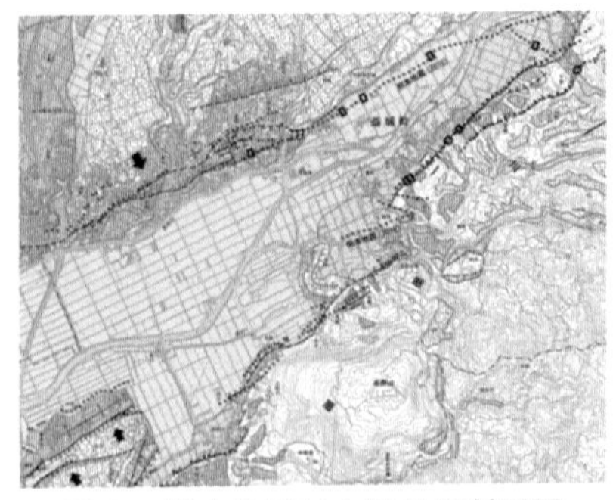

図３　熊本地震における活断層図

国土地理院の２万５千分１活断層図「熊本」活断層の位置が赤線で，熊本地震で現れた地表地震断層が黒点線で示されている。

層が“通常”の地形を変形させたことを疑います（**図１**）。このような状況証拠を積み重ねて，活断層の存在をつきとめていくのです。

このような推理を活断層の専門家にしてもらい，国土地理院が２万５千分１の地図にまとめたものが「活断層図」（**図３**）で，地理院地図でみることができます。

関連項目　１章⑨（p.46）

8 地形からみる揺れやすさ

地震の波は，地下の固い地盤の中を伝わるときは，地震が発生した場所（震源）から遠くなるほど小さくなりますが，地上に伝わる波の大きさは，固い地盤の上に載っている軟らかい地盤の状況により変わります（**図1**）。

一般的に，軟らかい地盤は地震の波を増幅するため，震源からの距離が同じであれば，地下の地盤が軟らかいほど，また，軟らかい地盤が厚いほど，地上の揺れは大きくなります。形成されてから長く時間がたった地盤は固くなり，また，泥などの粒が細かい物質で構成される地盤は，石や岩など粒の大きい物質で構成される地盤より軟らかいということができます。

このため，どのような成り立ちでどのように地盤が形成されたかを推察することで，地表近くの地盤の状況を推定することができます。土地の成り立ちは地形分類から知ることができることはすでに述べましたが，地形分類と揺れやすさはおおまかにいうと次のような関係があります。

揺れやすい地形：後背低地・湿地，旧河道，海岸平野・三角州，盛土地，埋立地，干拓地
やや揺れやすい地形：氾濫平野，自然堤防，砂州・砂丘，凹地，浅い谷
揺れにくい地形：台地・段丘，扇状地，山地，切土地

このような関係を使って，地形分類をもとに揺れやすさを示した地図（揺れやすさマップ）を作成し，住民に配布している地方公共団体もあります（**図2**）。

ただし，実際には，より詳細な土地の成り立ちのプロセスの違いにより揺れやすさは異なり，地形分類を単純に読み替えることは適切でない場合もあることに注意が必要です。例えば，自然堤防や砂丘の末端で後背低地や海岸平野に近いところでは揺れやすさは大きくなると考えられます。また，台地・段丘でも，形成時期が比較的新しい（数千年前以降）ものは，比較的古いものより揺れやすいということができます。

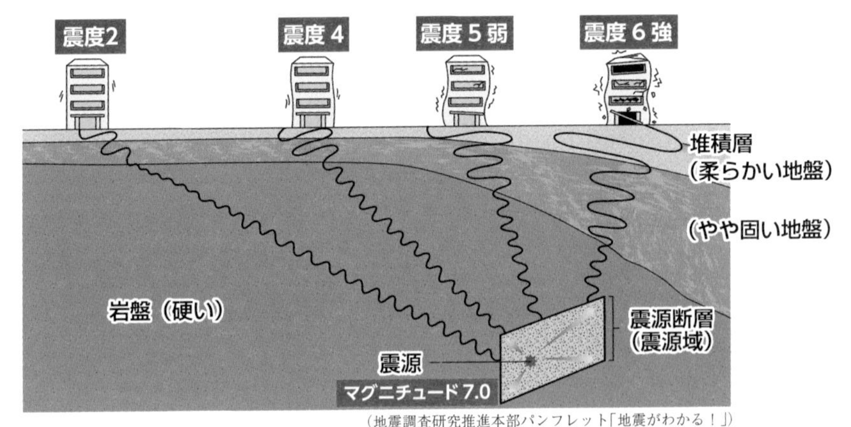

（地震調査研究推進本部パンフレット「地震がわかる！」）

図１　震源と揺れの大きさの関係

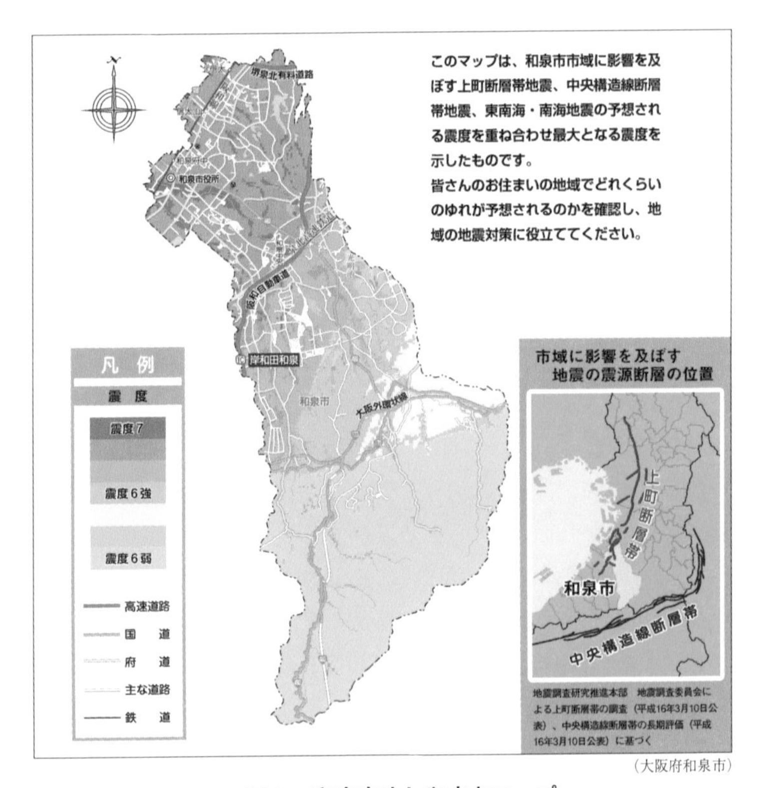

（大阪府和泉市）

図２　和泉市ゆれやすさマップ

9 地理院地図で地形を理解する

等高線は，3 次元の地形を正確に平面の地図に表現することのできるきわめてすぐれた手段です。それでも，等高線をみるだけで頭の中に地形を描くことはかなり難しいと思います。地理院地図では，標高のデジタルデータを使って地形をわかりやすく表現したさまざまな地図が用意されています。ここでは，スマートフォンから地理院地図を使って地形を理解する方法を具体的に示します。

ブラウザから地理院地図を検索すると，日本全図が表示されます。ここで，検索窓に住所や学校名などの適当な地名を入力すると，その場所の地図が表示されます。スワイプで表示する場所を，ピンチイン，ピンチアウトで縮尺を自由に変えることができます。

左上のアイコンをタップすると，地図を選択するメニューが現れます（**図 1**）。地形をわかりやすく表現した地図は「標高･土地の凹凸」から選べます。左上から光を当てたときにできる陰影をつけた「陰影起伏図」(**図 2**)や，火山地形などをわかりやすく表現する「赤色立体地図」，暖色は近くに，寒色は遠くにみえる性質を利用して，高いところを赤や茶系統の暖色，低いところを緑や青系統の寒色で標高ごとに色付けした「色別標高図」などが表示できます。また，「自分で作る色別標高図」の機能を使うと，狭い地域の起伏の大小や特に示したい標高に合わせて自由に標高を色分けすることができます(p.18に操作方法を詳しく示しています)。赤青メガネをかけて立体的に観察できるアナグリフ地図も用意されています。

右上のメニューから「ツール」をタップすると，表示されている地図を操作するメニューが現れます(**図 3**)。ここから「３Ｄ」を選択すると，さまざまな視点から立体地図を眺めることのできる「地理院地図 3Ｄ」が表示されます(**図 4**)。画面上をスワイプして地形をぐるぐる回したり，ピンチインで拡大，縮小してみたりしてみましょう。地形がぐっと身近に思えるのではないでしょうか。

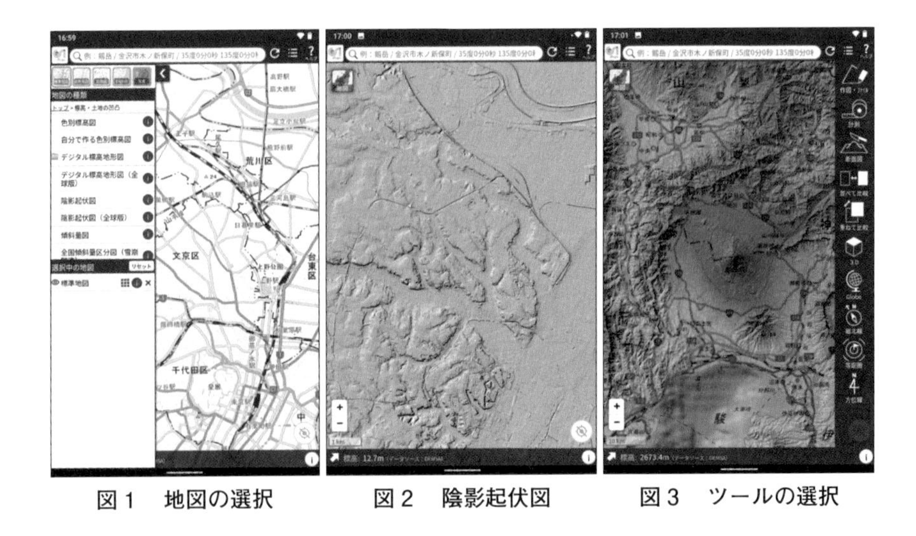

図１　地図の選択　　図２　陰影起伏図　　図３　ツールの選択

図４　地理院地図 3D で表示した富士山周辺

背景図は色別標高図，高さは 1.5 倍

関連項目　総論⑨（p.18）

10 地理院地図で標高を知る

正確な標高は，土地の成り立ちを理解し，災害リスクを知るための最も基本的な情報です。標高は，紙の地形図に表示された等高線を読図することで知ることができます。2万5千分1地形図には10m間隔の等高線が表示されています。知りたい場所がちょうど等高線の上にあればそのまま標高が読みとれますが，そうでない場合は，その場所をはさむ二つの等高線からどの程度離れているかを測り，比例配分して標高を推定します。しかし，この方法は，面倒であるだけでなく，等高線には等高線間隔の半分の誤差が含まれているので，災害リスクを知るためには精度が十分ではありません。

国土地理院の地理院地図を使えば，日本全国のあらゆる場所の標高情報をピンポイントで0.1m単位で知ることができます。試しに，今いる場所の標高をみてみましょう。

地理院地図トップページから検索窓に住所などを入れると，その場所の地図が表示されます。その時に地図中央の十字線の中心の標高が，画面左下に表示されています(**図1中のa**)。

自分がいる場所の住所などがわからないときには（スマートフォンなどの位置情報がオンになっていれば)，右下端にあるアイコン(**図1中のb**)をタップすると，現在位置が地図の中心に表示され，画面左下に標高が表示されます。

ポイントの標高だけでなく，地図上に任意に引いたルートの高低をみることができます。地理院地図の右上のメニューから「ツール」を選び，「断面図」をタップして，地図上のルートを次々にタップしていき，最後の点を2回タップすると，ルートの高低が自動的に表示されます(**図2**)。自宅から避難場所までのルートの高低を表示して，どこまで避難すればどの程度の標高に達するかを検討するなどに使うことができます。また，さまざまな地形の断面図を表示することで，地形の特性がより理解しやすくなるでしょう(**図3**)。

図１　地理院地図を用いた標高表示

図２　地理院地図の「断面図」機能を用いたルートの高低表示

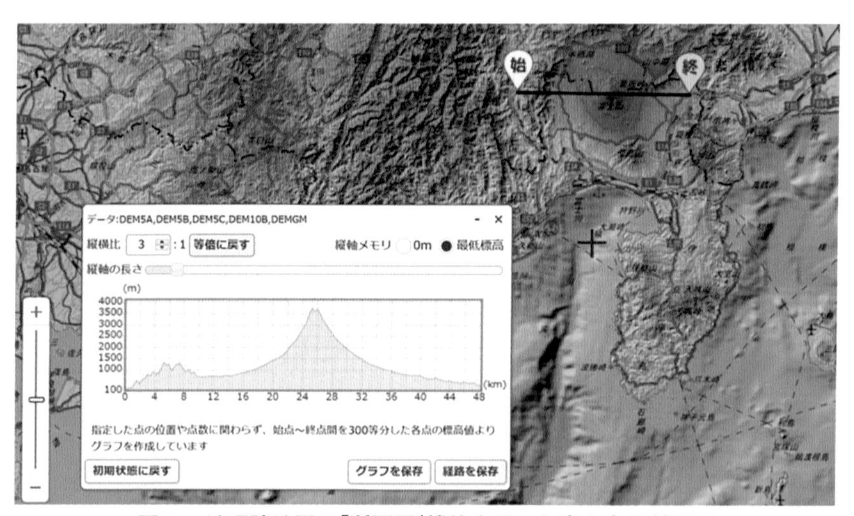

図３　地理院地図の「断面図」機能を用いた富士山の断面図

11 人が隠した土地の成り立ち
人工地形の下には何があるのか

図1は,2011年東北地方太平洋沖地震の際に千葉県我孫子(あびこ)市布佐(ふさ)地区で発生した液状化の被災状況を示したものです。この地域では，地下水の噴出，家屋の地中への沈み込みや傾斜，電柱の沈下や傾斜，水道管の破断などの著しい液状化の被害が発生しましたが，被害は布佐地区全域で発生したわけではなく，幅約100m，長さ約450mのほぼ長方形の範囲と，ここから約100mほど離れた約100m四方の二つの範囲に限られていました。

図2はこの地域の地震前(2008年)の航空写真です。ほぼ全域に住宅が同じように立ち並んでおり，液状化が生じた範囲に特段の特徴は見当たりません。ところが,1947年に撮影された航空写真（**図3**）をみると,ちょうど液状化が生じた範囲が黒っぽく写っています。これは当時ここに沼があったことを示しています。

調べてみると,この沼は明治初期(1870年)の利根川の洪水で堤防が決壊して洪水流が土地を侵食してできた沼で,1952年に利根川を浚渫(しゅんせつ)した土砂で埋め立てられて宅地化されたことがわかりました。液状化が起こりやすい土地の条件として，地下水位が高く，粒の揃った砂がゆるく堆積した地盤であることがあげられており，液状化が発生した地域はこの条件に合致しています。

このように，現在は人工的に改変されてもとの土地がわからなくなっている場所でも，昔の航空写真をみることで，土地の成り立ちを知ることができる場合があります。

昔の航空写真は，国土地理院の地理院地図の左上の地図を選択するメニューから「年代別の写真」を選ぶことでみることができます。また，国土地理院のトップページの「地図・空中写真・地理調査」のタグから「地図･空中写真閲覧サービス」に入ると，より高解像度の写真をダウンロードすることができます。

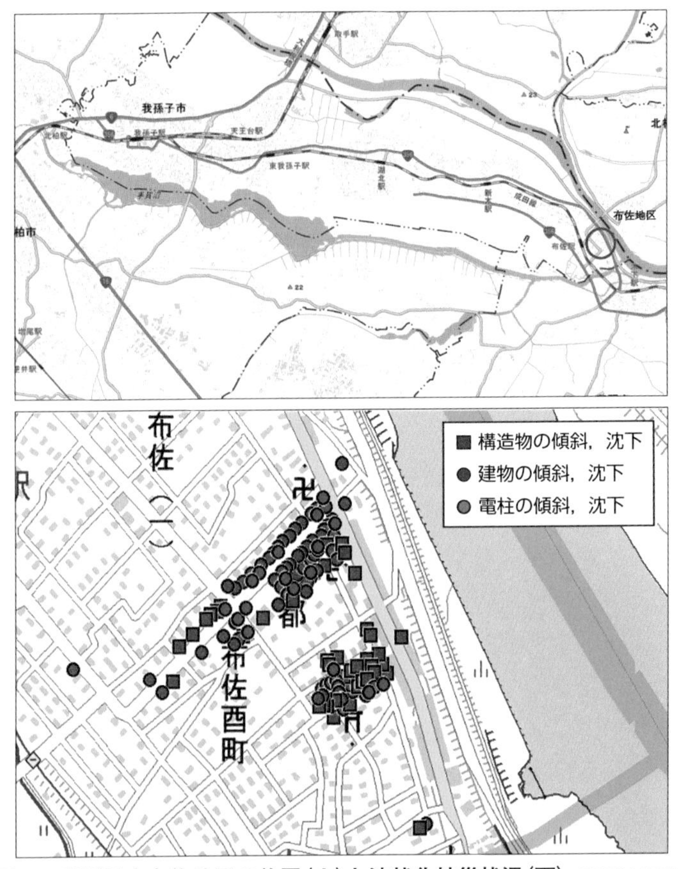

図１　我孫子市布佐地区の位置(上)と液状化被災状況(下)（青山雅史氏原図）

図２　我孫子市布佐地区の地震前の航空写真

図３　我孫子市布佐地区の1947年の航空写真

12 古い地図から土地の成り立ちを読みとる

かつて，水が溜まっていたり，水はけの悪い土地であった河川や湖沼，湿地，水田など(低湿地)は，地盤が軟弱で揺れやすく，液状化の被害を受ける可能性も高いことが考えられます。前項で示したように，土地の変化は航空写真からわかります。国土地理院の航空写真は主に終戦後（1945年以降)に撮影されているので，さらに古い時点の土地のようすを知るためには，昔の地図(「旧版地図」)をみる必要があります。

国土地理院では，国土地理院とその前身(陸地測量部など)が明治以降に作成，刊行した地図を，原則としてすべて保管しており，申請すればそれをデジタル化した画像を誰でもみることができ，また，コピーを持ち帰ることもできます。ただし，国土地理院の本院(つくば市)や各地方の地方測量部等に直接出向いて申請書を提出しなければならないので，やや面倒です。国土地理院では，今のところ解像度の高い旧版地図の画像そのものをインターネットで一般に公開する予定はありませんが，3大都市圏については，明治初期の地図から，河川や湿地，水田・葦(あし)の群生地など，液状化に関わりの深い区域を抽出した情報を「明治期の低湿地」として地理院地図で公開しています。(地理院地図の画面左上の「地図」アイコン→「土地の成り立ち・土地利用」→「明治期の低湿地」（**図1**)。

インターネットで旧版地図をみるためには，「今昔マップon the web」を使う方法があります(埼玉大学・谷謙二教授提供)。全国の主要な地域について明治期以降の新旧の地図を切り替えながらみることができます（**図2**)。左右2分割で同じ地域の異なる時期の地図を比較する画面がデフォルトで表示され，表示する地図は明治以降現在までの地形図のほか，p.168で紹介した地形分類図やp.176で紹介した「活断層図」，p.184で紹介した「航空写真」などを選ぶこともできます。この他，農研機構農業環境研究部門が提供している「歴史的農業環境閲覧システム」 https://habs.rad.naro.go.jp/でも，関東地方の明治期の地図をみることができます。

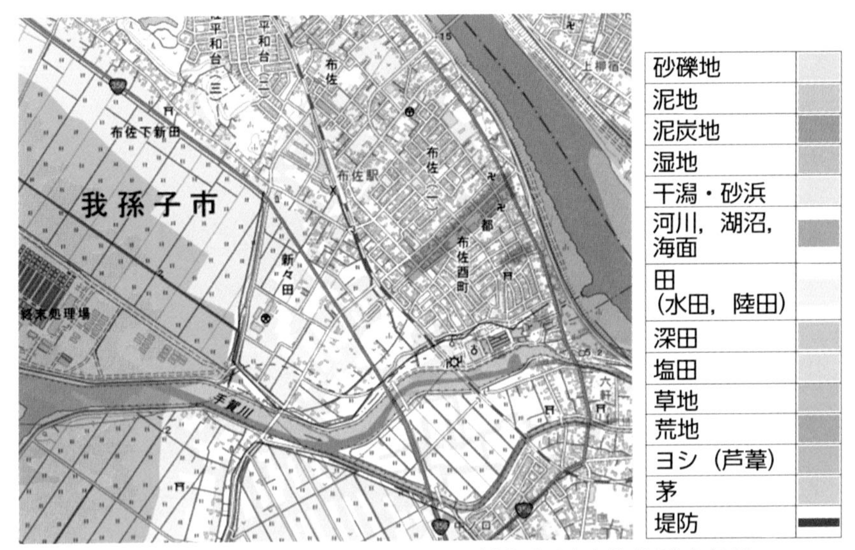

図１　地理院地図の「明治期の低湿地」（我孫子市布佐地区）と凡例

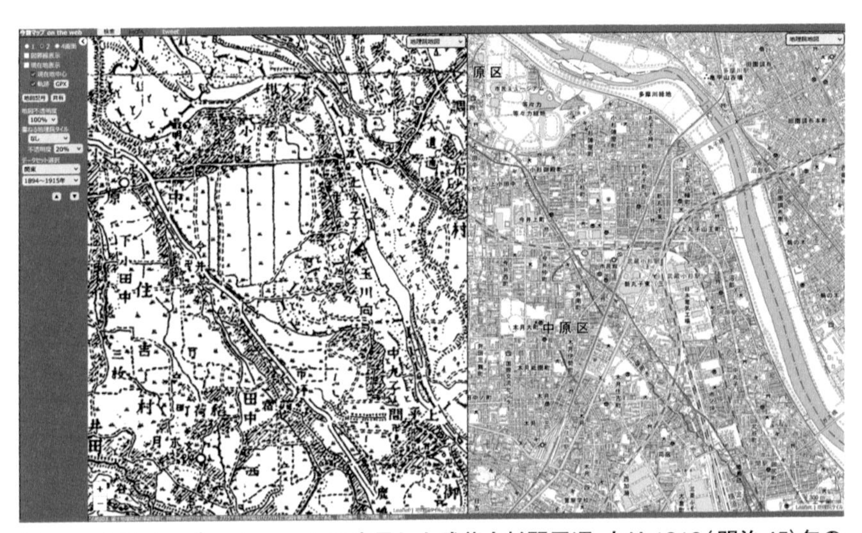

図 2　今昔マップ on the web で表示した武蔵小杉駅周辺。左は 1912（明治 45）年の 5 万分の 1 地形図，右は同じ範囲の現在の地形図

関連項目　6 章③（p.168），⑦（p.176），⑪（p.184）

13 先人が伝えた災害伝承碑と古文書

我が国では，古くから数多くの自然災害に見舞われてきました。私たちの先人は，自然災害の被害を受けるたびに，さまざまな形でそのときの様子や教訓を後世の私たちに遺してくれています。

岩手県宮古市重茂（おもえ）姉吉（あねよし）地区の海抜50mほどの地点に,「高き住居は児孫の和楽，想へ惨禍の大津浪，此処より下に家を建てるな」と刻まれた石碑が立っています。姉吉地区は明治三陸地震（1896年）と昭和三陸地震（1933年）の大津波で二度にわたって集落が全滅する被害を受けました。この石碑は昭和三陸地震の後建てられたもので，集落の人々はこの教えを守り，東日本大震災(2011年)では家屋に被害はありませんでした。

一方，広島県坂町小屋浦地区には，1907年に発生した土石流で44人の命が奪われた災害を伝える石碑がありましたが，石碑のメッセージが十分活かされることなく，同じ場所で2018年７月の平成30年７月豪雨災害により15人の犠牲者を出してしまいました。同様に，岡山県倉敷市真備町川辺の源福寺には，1893年10月の大洪水で２百余人の死者が出たことを伝える供養塔が，塔の頭部が当時の水位となるように建立されていますが，この地域は2018年の平成30年７月豪雨災害で大きな洪水被害を受けました。

国土地理院では，2019年から，これらの自然災害伝承碑の位置とその内容を地図に表示する取り組みを始めました。地理院地図上に記号で表示され，記号をクリックすると，石碑の写真と碑文などの伝承内容がポップアップで表示されます(**図１，図２**)。掲載は市区町村長からの申請に基づいて行われ，順次追加されています。

過去の自然災害を伝える絵地図や古文書も，地域の災害特性を理解し，将来の災害発生の可能性を探る重要な資料です。特に，日本では地震に関する記録が多く残されています。日本最古の地震の記録は,「日本書紀」に記録された416年の允恭（いんぎょう）地震とされています。このような歴史資料を読み解き，過去の地震の発生時期，発生場所，規模，被害などを推定す

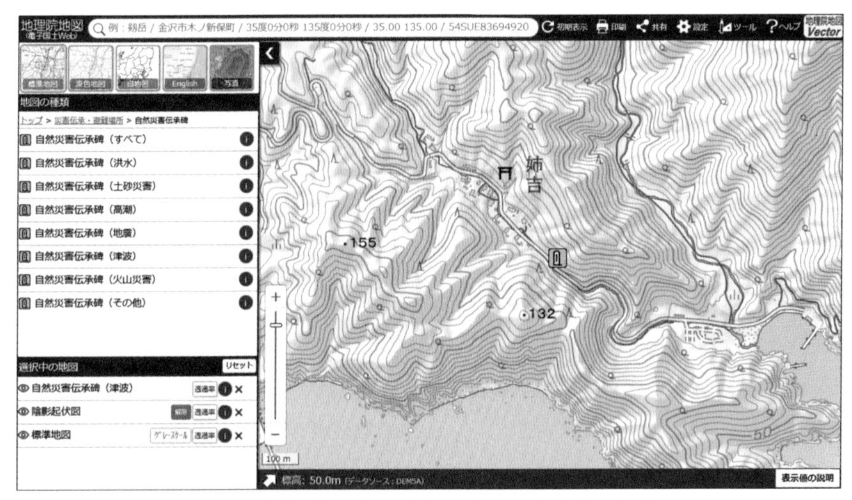

図１　岩手県宮古市姉吉の位置と伝承碑の記号

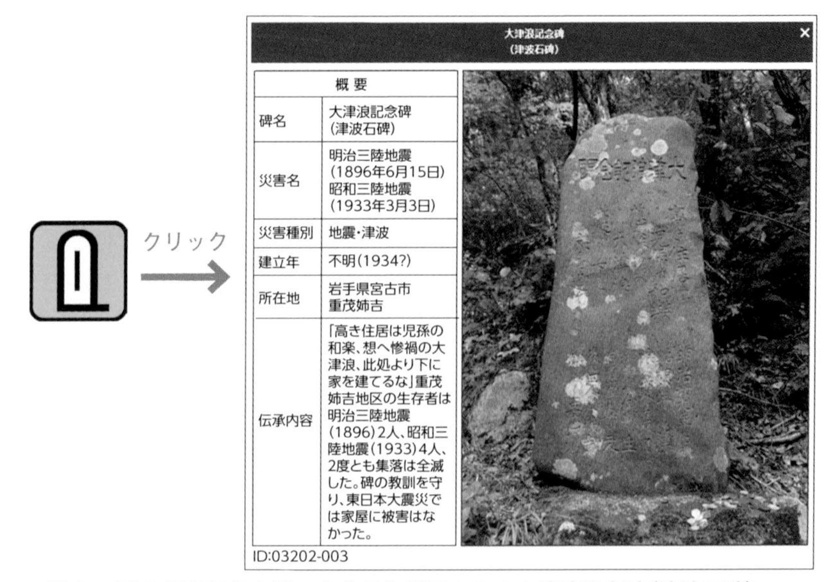

概要	
碑名	大津浪記念碑 (津波石碑)
災害名	明治三陸地震 (1896年6月15日) 昭和三陸地震 (1933年3月3日)
災害種別	地震・津波
建立年	不明(1934?)
所在地	岩手県宮古市 重茂姉吉
伝承内容	「高き住居は児孫の和楽、想へ惨禍の大津浪、此処より下に家を建てるな」重茂姉吉地区の生存者は明治三陸地震(1896)2人、昭和三陸地震(1933)4人、2度とも集落は全滅した。碑の教訓を守り、東日本大震災では家屋に被害はなかった。

ID:03202-003

図２　図１の記号をクリックすると表示される大津波記念碑(津波石碑)

る研究は歴史地震研究と呼ばれ，地形や地質的調査，地球物理学的調査と併せて，将来の地震の発生確率や被害の想定に重要な情報を提供しています。

14 災害の危険を評価した地図
土砂災害危険度マップと地震動予測地図

土地の成り立ちや地形，過去の災害などの情報をもとに，将来起こる可能性のある災害の危険性を評価した地図として，土砂災害と地震の予測地図を紹介します。

土砂災害は，大雨や地震，火山噴火などを引き金として，大量の土砂が急速に流下することにより発生する災害です。土砂災害を防止するため，都道府県が「土砂災害警戒区域」（イエローゾーン）や「土砂災害特別警戒区域」（レッドゾーン）を指定し，これをもとに，区域内で家を建てることを制限したり，市町村が土砂災害ハザードマップの作成など避難に必要な情報を提供したりすることが法律で定められています。

このため，都道府県は，地形や地質などの調査を行い，土砂災害の危険度を判定して，レッドゾーンやイエローゾーンを設定しています。これらの区域指定の状況はインターネットで「ハザードマップポータル」→「重ねるハザードマップ」→「土砂災害」でみることができます（**図1**）。また，これをもとに市町村が区域指定の状況や避難方法などを住民に知らせるためのハザードマップは，「ハザードマップポータル」→「わがまちハザードマップ」→「災害種別から選択」→「土砂災害」でみることができます。

「地震動予測地図」は，将来発生する可能性のある地震による強い揺れを予測した結果を地図として表したもので，国の地震調査研究推進本部により作成され，防災科学技術研究所の「地震ハザードステーションJ-SHIS」（http://www.j-shis.bosai.go.jp/）でみることができます。いくつかの種類の地図がありますが，そのうち「確率論的地震動予測地図」は，一定の期間内に，ある地点が，ある大きさ以上の揺れに見舞われる確率を示した地図です。全国の内陸の活断層や周辺の海底の断層の性質を調査し，それぞれの断層が発生させる地震の発生場所，発生可能性，規模を確率として評価して，地形の情報をもとに，それらの地震が発生したときに生じる地上での揺れの強さを計算しています。代表的なもの

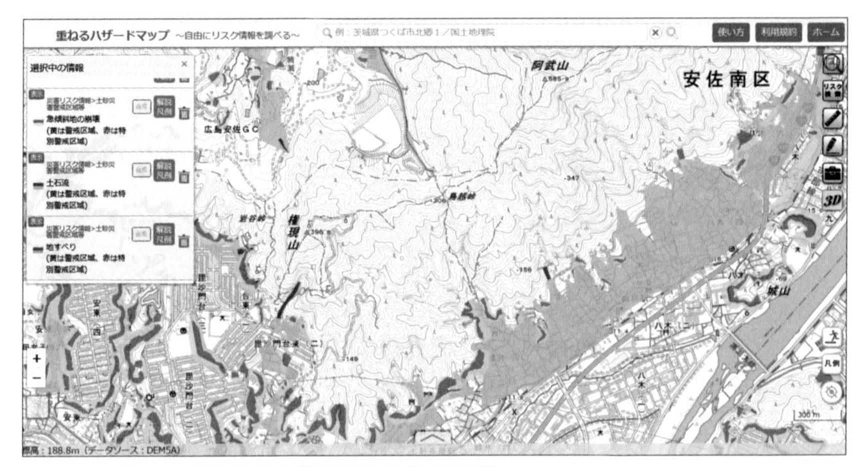

図１　土砂災害の指定区域を示す地図（国土地理院ハザードマップポータル）

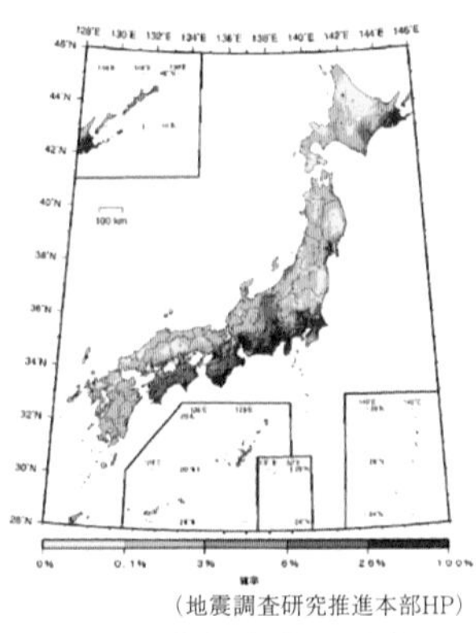

（地震調査研究推進本部HP）

図２　確率論的地震動予測地図

（防災科学技術研究所J-SHIS）

図３　確率論的地震動予測地図

としては，今後30年以内に各地点が震度６弱以上の揺れに見舞われる確率を地図として示したもの（**図２**）や，今後30年以内に３％以上の確率で襲われる震度の大きさ（**図３**）を示したものなどがあります。確率での表現がわかりにくいですが，30年後に発生する確率という意味ではなく，今この瞬間から30年後の間のどこかに発生する確率ということです。例えば30年以内に火災に遭う確率は１.１％，空き巣に入られる確率は0.8％とされているので，3％は決して私たちの暮らしと縁のない，無視してよい確率ではありません。

15 洪水の浸水リスクを示した図

現在では，ほぼすべての市区町村が洪水ハザードマップを作成し，住民に提供しています。その背景には，水防法により，市区町村は洪水ハザードマップを作成することが義務化され，また，洪水ハザードマップの作成方法を国が丁寧に指導していることがあげられます。

すべての河川は，その管理に責任を負う組織(河川管理者)が決まっており，全国109の主要な河川のうち重要な区間は国(国土交通省地方整備局)，それ以外は都道府県や市町村が管理しています。水防法では，河川管理者が，管理する河川について洪水浸水想定を行い，その想定に基づいて関係する市町村が住民への洪水予報の伝達方法や避難場所，避難の方法などを示した洪水ハザードマップを作成することになっています。ここで気をつけなければならない点を二つ示します。

①洪水浸水想定は河川ごとに行われること

洪水浸水想定は河川ごとにそれぞれの河川管理者が行うこととなっています。このため，例えば，二つの河川に挟まれた地点では，それぞれの河川が洪水を起こした場合の二つの浸水想定をもつことになります。実際には，どちらの河川が洪水を起こすかは上流の降雨状況などにより変わります。市町村が作成した洪水ハザードマップでは，どの河川の浸水想定に基づくマップであるかがわかりにくく，いわば背後から不意打ちを食らうことにもなりかねません。

②洪水浸水想定は特定の状況を想定して行われること

洪水浸水想定では，過去の降雨や流量のデータから，一定の確率年を決めて，対象とする河川の堤防の決壊地点を複数選んで氾濫シミュレーションを行い，場所ごとに浸水の深さが具体的な数値で示されます。実際には，想定通りの雨が降って想定した地点で堤防が決壊することはほぼありえないのですが，浸水深が数値で示されると，洪水の際にはいつも想定した浸水深になると誤解してしまいます。また，2015年に水防法が改正され，それまでは計画規模（それぞれの河川の整備計画のもとと

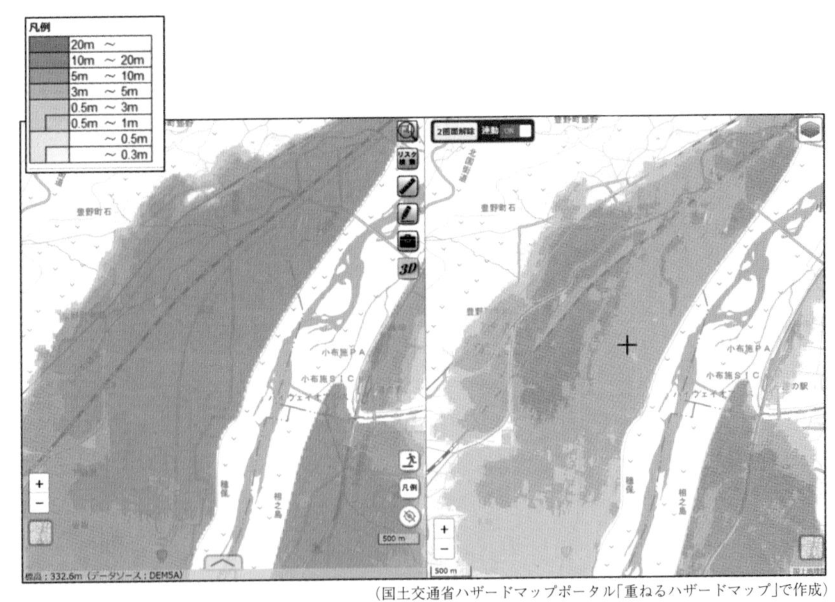

（国土交通省ハザードマップポータル「重ねるハザードマップ」で作成）

図１　長野市豊野付近の洪水浸水想定図
（左：想定最大規模，右：計画規模）

なる発生確率の降雨：概ね30～100年に一度の降雨）を想定して浸水想定が行われていましたが，「想定し得る最大規模の降雨」（想定最大規模降雨：概ね1000年に一度の降雨）を想定した浸水想定を行うこととなりました。しかし，現段階では多くの河川でシミュレーションの作業が終わっておらず，計画規模と想定最大規模の浸水想定が混在しています。

このようなことから，洪水ハザードマップを正しく理解するためには，そのもととなった洪水浸水想定図を確認する必要があります。洪水浸水想定図は「ハザードマップポータル」→「重ねるハザードマップ」→「洪水」でみることができます（**図１**）。

16 津波の浸水リスクを示した図

津波については，東日本大震災後の2011年12月に制定された「津波防災地域づくりに関する法律」でハザードマップの作成が制度化されました。都道府県は大きな津波を発生させる地震を想定して津波による浸水のシミュレーションを行い，その結果に基づき市町村は津波ハザードマップを作成して住民に提供しなければならないこととなりました。これにより津波ハザードマップを作成する市町村の数は増加しています。都道府県が作成した津波浸水想定図は「ハザードマップポータル」→「重ねるハザードマップ」→「津波」でみることができます。

ところで，東北地方の太平洋岸の多くの市町村は，かつて大きな津波の被害を経験してきたことから，東日本大震災の前に津波ハザードマップを作成し，公開していました。明治三陸地震(1896年)と昭和三陸地震(1933年)で津波による大きな被害を受けた三陸海岸北部の市町村ではこれらの地震を想定したハザードマップを作成しており，三陸海岸南部や宮城県，福島県の市町村では，当時高い確率で発生すると想定されていた宮城県沖連動型地震（マグニチュード8.0程度）を想定したハザードマップを作成していました。2011年の東北地方太平洋沖地震は，これらのいずれともタイプが異なり，岩手県沖から茨城県沖にかけてきわめて長大な範囲の断層が大きくずれたと考えられています。これに伴う津波もこれらの地震に伴う津波よりはるかに大きく，特に宮城県南部や福島県では，想定されていた宮城県沖連動型地震に伴う津波の数倍の高さの津波が押し寄せました。地震後，国が被害とハザードマップの関係を調査した報告書には，ハザードマップの浸水想定と実際の津波の浸水範囲を比較した図が載っています（**図１～図４**）。それによると，特に三陸海岸南部や宮城県，福島県では，ハザードマップの想定よりはるかに広い範囲が津波に襲われていたことがわかります。結論として，報告書では，「従前の想定によるハザードマップが安心材料となり，それを超えた今回の津波が被害を拡大させた可能性がある。」(中央防災会議「東北地方

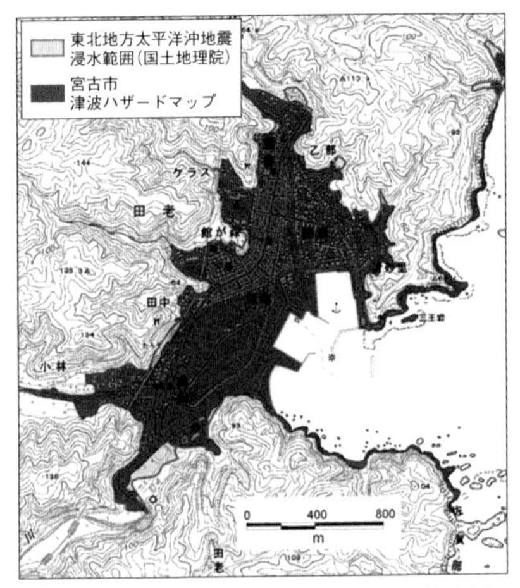

図１　岩手県宮古市田老町の浸水想定と実際の浸水範囲

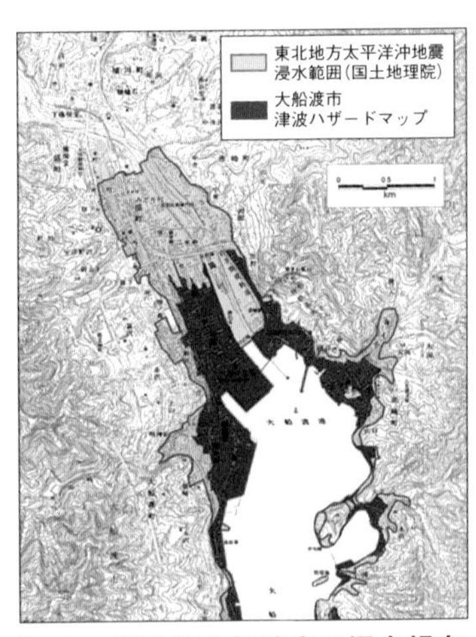

図２　岩手県大船渡市の浸水想定と実際の浸水範囲

図３　仙台市の浸水想定と実際の浸水範囲

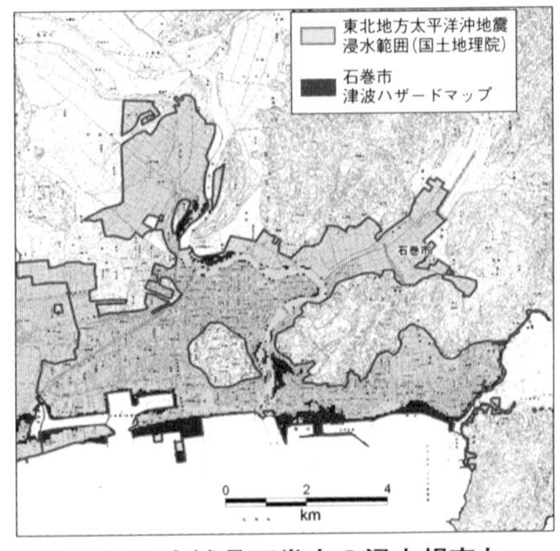

図４　宮城県石巻市の浸水想定と実際の浸水範囲

（中央防災会議〔2011〕東北地方太平洋沖地震を教訓とした地震・津波対策専門調査会報告より引用）

太平洋沖地震を教訓とした地震・津波対策専門調査会報告」〈2011年９月〉）と述べています。

ハザードマップは特定の想定に基づく災害予測とそれに基づく避難行動指針が示されたものであること，自然の営みはいつも想定通りに起こるとは限らないことを理解することが大切なのです。

17 いざ災害！地図は何を伝えるのか

災害対応現場に活かされる地図

大規模な災害が発生すると，すぐに，被災者の救助，救援，避難所の設置，交通手段の確保，災害拡大の防止，ライフラインの復旧などの活動が行われます。このような活動を，さまざまな地図や地理空間情報が支えています。

例えば，災害の全体像を面的かつ詳細に捉えるため，災害発生直後に航空写真が撮影され(**図 1**)，災害を引き起こした地震や火山活動を正確に把握するため，GPSなどを用いた地殻変動の分析が行われ(**図 2**)，浸水の状況を詳細な標高やSNSなどの情報を用いて推定した地図などが作成され(**図 3**)，災害現場や住民に提供されます。国土地理院が災害時に提供した情報は国土地理院HPの「防災・災害対応」のページにアーカイブされています。

被災現場には，直ちに関係機関の職員が参集して災害対策本部が設置されます。ここで重要なのは情報共有です。どこにどのような被害が発生しているのか，どの程度の被災者がいるのか，どこに受け入れ可能な医療機関があるのか，被災場所へのアクセスはどうなっているのか，といった情報は，情報源がばらばらである上，情報が断片的で，また，発災時の現場は混乱し，情報システムで入力，管理する余裕はありません。多くの場合，壁に張った紙の地図に直接書き込んだり，付箋(ふせん)紙を貼りつけたりして情報の共有が行われるのが実情です。

このような現状を打破し，災害時のより効率的な情報共有を図るため，防災科学技術研究所が中心となって，基盤的防災情報流通ネットワーク（SIP４D)が開発されています。関係省庁や地方公共団体，関係機関などがさまざまな形式で保有する災害に関する情報を，主にデジタル地図の形で統合，共有し，現場の担当者が負担なく必要な情報を取り出すことができるシステムとして開発，導入が進められています。また，救助活動のため現場に入る隊員などには，視認性，可搬性に優れた紙の地図が必要であるため，防災科学技術研究所や国土地理院の職員が，災害対策

被災前（2006〈平成18年〉10月撮影）

被災後（2011年〈平成23年〉3月12日撮影）

図1　被災状況を伝える航空写真（国土地理院撮影）

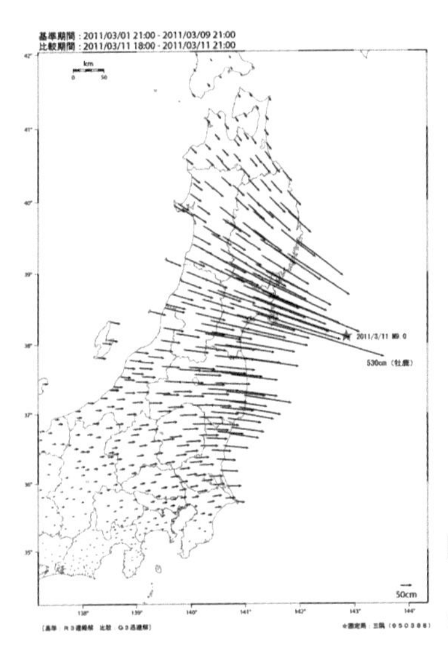

図2　東北地方太平洋沖地震の地殻変動（水平成分）

（国土地理院資料）

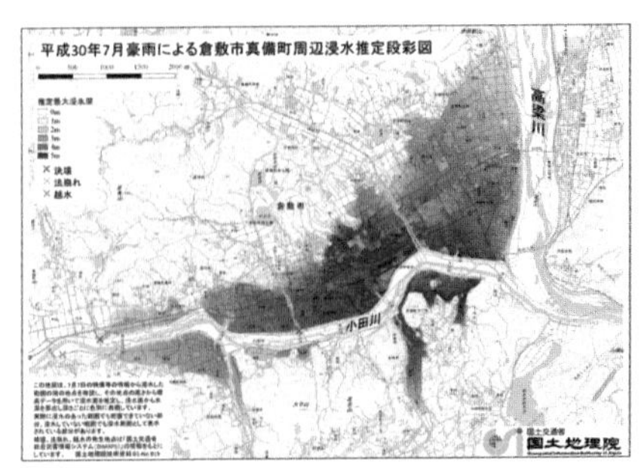

図3　浸水推定図（国土地理院）

本部に地図のエキスパートとして派遣され，現場のニーズに即した地図を加工，出力して提供するなどの活動を行っています。さらに，ドローンを現場に持ち込んで災害状況の把握，提供を行う「ドローンバード」というボランティアのグループや，世界中の市民ボランティアがインターネットを通じて衛星画像などを判読し，遠隔の被災地の被災状況の地図を作成する活動（クライシスマッピング）なども芽生えています。

18 進化する地図技術と災害への活用
航空レーザー測量，ドローン，SAR…

情報通信技術や情報処理技術などの急速な発展は，地図技術を活用した防災に大きな変化をもたらしています。

航空レーザー測量は，航空機にレーザースキャナを搭載して，航空機の位置を正確に計測しながら地上に向けてレーザー光を照射し，地上で反射して戻ってくる時間を計測することで航空機と地上の間の距離を測定する測量方法です。これにより，これまでの航空写真を計測して等高線を描く方法より格段に詳細な地形のデータを得ることができるようになりました。従来では森林に隠れて知られていなかった火山の火口や，活断層による地表のわずかな変形も捉えることができるようになりました。

ドローンを使った災害対応も近年急速に広がってきました。活動中の火山など，人の接近が難しい場所の撮影や，災害の状況の迅速な把握のために多く用いられています(**写真 1**)。また，ドローンの画像から地表の３Ｄモデルを作成する技術は，災害発生時にヘリコプターで撮影される動画をリアルタイムに地図上に表示するシステムなどにも応用されています。

宇宙航空技術を用いて地表のようすを捉える技術として，合成開口レーダー(SAR)が最近めざましい成果をあげています。人工衛星や航空機から，飛行しながら電波を地表に向けて送信し，反射して戻ってきた電波を受信して，地表のようすを画像として得るものです。電波は雲などを透過するため天候に左右されず，また時間を問わず夜間でも観測を行うことができます。例えば火山噴火が発生した際，目視や通常の写真では噴煙に遮(さえぎ)られて火口のようすを確認することはできませんが，SARの画像から火口の位置や形態を明瞭に把握することができます。また，SARが搭載された人工衛星が同じ軌道を通過する際に計測した衛星と地表の間の距離の時間的変化を把握する方法(干渉SAR)を用いて，地震，火山，地すべりなどに伴う地表の変動を面的に捉えることができます。地震を発生させた活断層がどのようにずれたのか(**図 2**)，火山の地下でどのよ

写真１　ドローンで撮影された画像（いずれも国土地理院撮影）
左：2015（平成27）年 9 月関東・東北豪雨による鬼怒川破堤箇所
右：2016（平成28）年熊本地震により南阿蘇村に出現した地表地震断層

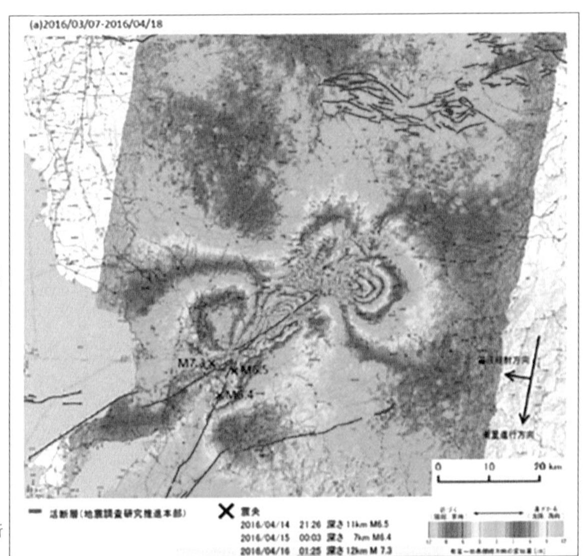

図２　2016（平成 28）年熊本地震に伴う地表の変動を示したSAR干渉画像

（解析：国土地理院原初データ所有：JAXA　国土地理院HP）

うな動きが起こっているのか，地上の観測では捉えられない微小な地すべりの動きなどを把握する重要な情報となっています。

このほか，AI（人工知能）を活用して航空写真から災害状況を迅速に抽出するための研究や，スマートフォンやカーナビのビッグデータから災害時の人の流れや通行可能な道路を把握する研究，３ＤやＶＲ（バーチャルリアリティ），ＡＲ（拡張現実）などを活用して災害時の避難経路をリアルタイムに伝える地図の研究などが進められています。

19 自分たちの足元を知り災害に備える
七ヶ浜町での教訓

2011年３月23日付朝日新聞に，次のような記事が載っています。

（記事の要旨）

①宮城県七ヶ浜町花渕浜地区の住民は，町内に住む宮城豊彦東北学院大教授の指導のもと，避難場所を自主的に決めるなど，防災に取り組んできた。災害がおきた際の避難場所には，県が想定する最大津波（3.3m）から逃れられる近所の寺にした。

②2011年３月11日，地震が起きた後，住民は寺に避難したが，ラジオからの情報により，他の地域に到達した津波の高さが，県の想定を超える５ｍと知り，さらなる高台への移動を決断した。

③高齢者をマイクロバスに乗せ，そのほかの避難者も数百ｍ離れた高台に移動した。その途端，避難場所の寺が津波にのまれた。

④津波から一週間後，避難所で人々の生活を支える地域のリーダーを訪ねた宮城教授は「結果的に，適切な避難場所を伝えられなかったことは申し訳なかった。ただ，学んだ知識を生かして自ら判断をしたことは素晴らしかった」と声をかけた。

このできごとからは，次のような教訓を学ぶことができます。

1．自分たちの足元を理解すること

これまで述べてきたように，私たちは自然の営みが築いた土地の上に暮らしています。私たちの足元の土地の形とその成り立ちを知り，そこに働く自然の営みを理解することは，防災の基本です。そのための材料はさまざまな地図のかたちでたくさん用意されています。また，地域を理解するためには，ハザードマップや地形分類図，新旧の地図などを持ってまち歩きなどを行い，自分の目で土地の姿を確かめることも重要です。

2．ハザードマップを正しく理解すること

市町村が作成し，配布するハザードマップは，将来起こりうる災害を予測し，災害が発生したときに自らの命を守るためにどのような行動をするべきかを判断するための大切な資料です。ただし，それは唯一無二の

避難マニュアルではありません。予測の背景には一定の想定があり，実際に発生する事象は想定通りではないことがほとんどです。ですが，それはすべて自然の営みであり，物が突然重力に逆らって下から上に動くような非科学的なことは起こりません。想定外のことが起こったとしたら，それは私たちの自然の営みの理解が十分でなかったということです。このような目で，配布されたハザードマップを正しく理解することが重要です。

3.できる限りの災害情報を取得すること

テレビ,ラジオや市町村の防災無線などだけでなく,携帯電話へのプッシュ機能やインターネットの利用など，災害時の情報提供は格段に強化されています。現在起こっていることだけでなく，今後どのくらいの時間でどのようなことが起こるか，というタイムラインの情報も提供されるようになりました。災害時には想定通りのことは起こらないという前提で，できる限り最新の正確な災害情報を収集し，今，自分の足元に何が起こっているのかを正しく理解して，自らの命を守る行動を自らが判断することが重要です。

市町村によっては，このような，自らの目と手と足で，自分たちの足元を理解し，災害時の行動を想定する，マイ・ハザードマップづくりを推奨しているところもあります。マイ・ハザードマップには,個人でつくるものと,地域コミュニティでつくるものがあります(p.202参照)。

図１　愛知県ではマイ・ハザードマップづくりの作成説明書を用意している

（愛知県砂防課提供）

関連項目　6章⑳(p.202)

20 近隣でつくるハザードマップ

国土交通省の「洪水ハザードマップ作成の手引き」（改訂版：平成25年3月）には，ハザードマップの縮尺は，「家屋を戸々に識別し，避難路を住民自身で判断できる1/10,000～1/15,000程度を標準とする」と記されています。しかし，行政が作成・配布するハザードマップの縮尺は，行政域の形や大きさなどの都合で，もっと縮尺の小さなハザードマップもあります。また，たとえ1/10,000という比較的大縮尺の地図であっても，実際の100mの長さは地図上ではわずか1cmにすぎません。また，家や建物を一軒一軒識別することは困難です。

広い地域の災害危険度を俯瞰（ふかん）するには小縮尺のハザードマップが適していますが，町内会や小学校PTAなどが使うハザードマップでは，地域の実情を表した，より大縮尺の地図が望ましいものとなります。

そこで，縮尺1/2,500の都市計画白図など大縮尺の地図を用いて，住民たちが，町内や小学校区のハザードマップを作成する動きが広がっています（**図1**）。その際，市町村の防災担当職員や防災NPOの支援を受けることが望ましいです。地図には，避難所の位置だけでなく，洪水時に危険な側溝やマンホール，地震時に倒れそうなブロック塀などの位置を書き込みます。これらの情報は，行政が配布するハザードマップには載っていません。

さらに，こうして作成した地図に，近所の一人暮らしのお年寄りなど災害時に支援が必要になりそうな人の家の位置を示しておくと，災害時の素早い救出が可能になります。ただし，防犯やプライバシーの保護のため，こうした情報の扱いは慎重になされねばなりません。

近隣でつくるハザードマップにおいて重要なのは，作成時や作成後に，ハザードマップを手に持って近隣住民の皆さんで町歩きをしてみることです。地図はもともと上空からの目線で作成されます。町歩きで人間の目の高さで近隣の建物や道路を視ることによって，ハザードマップの情報と災害時の実際の行動とを結びつけて考えやすくなります。

（愛知県河川課提供）

図１　愛知県河川課の「みずから守るプログラム」で住民が作成した手づくりハザードマップの例

21 地域の災害リスクをどう教えるか

現場教員のための防災教育ツール

東北大学災害科学国際研究所防災教育国際協働センターでは，土地の成り立ちを踏まえた災害リスクの見方を防災教育に取り入れるための具体的手法として,「地形を踏まえたハザードマップ3段階読図法」を提案しています。

①ハザードマップを読み取る

・場所を確認する（自宅，学校，職場，商店等から広げて）

・凡例等を参考にして，ハザードの種類，程度等を読み取る

②ハザードマップと地形の関係を考えて読む

・崖，坂道，傾斜，起伏等の記憶と絡める

・地形図・地形分類図（地理院地図等）とあわせて考える

③ハザードマップの「想定外」も考える

・ハザードマップの想定の前提（条件）を理解する

・それ以上の場合（大津波，大雨，内水氾濫等）も考える

・地形から想定外のことも考える（扇状地では土石流，後背湿地等では洪水氾濫，強い地震動等）ことでよりリアルに想定外を考える

これに基づく教員向けオンライン講座「学区の地図を活用した災害リスクの理解」をウェブサイトで公開しています。http://drredu-collabo.sakura.ne.jp/ja/（東北大学災害科学国際研究所 防災教育国際協働センターのウェブサイト）の右下のボタン「オンライン講座」から閲覧することができます。

また，ゲーム感覚で生徒が疑似的に災害を体験し，防災を理解するツールがいくつか提案されています。

「クロスロード」は，チームクロスロード（網代剛・ゲームクリエーター，吉川肇子・慶應義塾大学，矢守克也・京都大学）が制作したカードゲームで，「人数分用意できない緊急食料をそれでも配るか」，「家族同然の飼い犬を避難所に連れていくか」「ボランティアに行くか，義捐金を送るか」といった，正解のない災害時のジレンマにYes, Noで答え，それをもと

に参加者が意見を交換していくものです。

DIGは，Disaster（災害），Imagination（想像力），Game（ゲーム）の略で，参加者が地図を使って防災対策を検討する訓練です。参加者が大きな地図を囲み，みんなで書き込みを加えながら議論をしていきます。その中で，参加者が，地域にどのような災害リスクがあるのか，災害から身を守るためにはどのような行動をとるべきかを具体的に考える頭の防災訓練です。これまで紹介してきた陰影図や地形分類図などを地理院地図から出力してDIGに用いれば，より具体的な災害リスクや災害対応の議論を行うことができます。

HUGは避難所運営ゲーム（Hinanzyo Unei Game）の略で，静岡県が開発し，静岡県の障害福祉サービス事業所で制作・販売されています。避難所の運営をシミュレーションするゲームなので，参加者は運営者になりきります。さまざまなイベントのカードが用意されており，ランダムに出てくる予想もつかないイベントに臨機応変に対応することが求められます。このゲームを体験しておくことで，実際に避難所ではどのようなことが起こりうるのかを事前に知ることができ，それらにどう対応すればよいのかを考え，準備しておくことができます。

（堀江克浩氏提供）

写真１　高校生によるDIG実施の様子

参考図書・URL

自然災害全般

川手新一・平田大二『自然災害からいのちを守る科学』
岩波書店(岩波ジュニア新書), 2013年

自然災害から身を守るためにはどのようなことを知っておくべきか, また, どのような行動をとったらよいかをわかりやすく解説しています。

帝国書院編集部『わかる！取り組む！災害と防災』 帝国書院, 2017年

災害のしくみから被害, 取り組みまでを①基礎→②事例→③対策, の構成で体系的に説明しています。オールカラーで大判なので写真などが見やすく構成されています。図書室向けの本。

海津正倫『沖積低地 ―土地条件と自然災害リスク』 古今書院, 2019年

多くの人々が生活し, これまでさまざまな自然災害が発生してきた沖積平野や海岸平野についての理解を深めることを目的に, それらの地域の土地の特性や自然災害に対する脆弱性について示しています。

内閣府「歴史災害の教訓報告書・体験集」

https://www.bousai.go.jp/kyoiku/kyokun/saikyoushiryo.htm

過去に発生したさまざまな災害について, 中央防災会議「災害教訓の継承に関する専門調査会」による報告書や体験集を取りまとめたウェブサイトです。

土田宏成『災害の日本近代史』 中央公論新社(中公新書), 2023年

関東大水害, 桜島噴火, 関東大震災など, 20世紀初頭の日本における自然災害史を振り返り, 災害への対応, 復興などとともに, 災害が国際関係に与えた影響などにも論じています。

国土地理院「地理教育の道具箱」

https://www.gsi.go.jp/CHIRIKYOUIKU/index.html

国土地理院のさまざまな情報を地理教育に活用する方法を豊富な事例で具体的に示しています。

高田将志監修『3D地図でわかる日本列島地形図鑑』 成美堂出版, 2019年

私たちの足下にある地形が, さまざまな地球活動を経て形成されたことが認識できる図鑑。3D地図を活用することで, 地形の特長がわかりやすく表現されています。日本列島がどのような環境に立地しているのかを知り, 災害と向き合うための1冊です。

地震・津波

文部科学省研究開発局「地震がわかる！」

https://www.jishin.go.jp/main/pamphlet/wakaru_shiryo2/index.htm

地震のしくみや地震調査研究などをより深く理解できるように解説したパンフレットです。「Q&A編」「解説編」「資料編」から構成されています。

大木聖子『地球の声に耳をすませて　―地震の正体を知り，命を守る―』
くもん出版（くもんジュニアサイエンス），2011年

地震や津波がなぜ起こるのか，巨大地震が起こるとどうなるのか，地震が起きた時，どうすればー人ひとりが命を守れるのか，といった内容を小学生でもわかるように解説しています。

浦安市「東日本大震災　―浦安市の記録」

https://www.city.urayasu.lg.jp/todokede/machi/gesuido/1034328/1034330.html

東日本大震災の教訓から，将来起こりうる震災時の防災・減災に役立つよう，東日本大震災当時の浦安市の被害から復旧までの取り組みをまとめています。

原口 強ほか『津波詳細地図にみる東日本大震災の10年』　古今書院，2022年

2013年に刊行された『東日本大震災津波詳細地図改定保存版』という本があります。本書はそのうち岩手・宮城・福島の3県にまたがる範囲の85葉をオールカラーで掲載しています。

気象庁「関東大震災から100年　知って備えよう」

https://www.data.jma.go.jp/eqev/data/1923_09_01_kantoujishin/index.html

2023年に100年の節目に当たった関東大震災の特設サイト。大震災の関連資料や報告書などが掲載されています。大規模災害のリスクに直面する私たちにとってこうした情報は改めて示唆や教訓を与えてくれます。

井上公夫『関東大震災と土砂災害』　古今書院，2013年

関東大震災では，家屋倒壊や火災だけでなく，土砂災害でも多くの犠牲者が出ています。本書は関東大震災での土砂災害について，現象や被害発生の過程をわかりやすく整理しています。

地震調査研究推進本部「南海トラフで発生する地震」

https://www.jishin.go.jp/regional_seismicity/rs_kaiko/k_nankai/

大地震発生のおそれが高まっている南海トラフ地震について，過去の発生状況，今後の予測などを取りまとめたポータルサイトです。

河田惠昭『津波災害 増補版』　岩波書店（岩波新書），2018年

東日本大震災時の津波の実相と南海トラフ地震で想定される津波被害の様相について説明し，日本の津波対策と課題について示しています。

火山

高橋正樹『火山のしくみ パーフェクトガイド』 誠文堂新光社，2019 年

火山ができるしくみや火山の種類，噴火のメカニズムといった基礎知識を大判の紙面(カラー)で詳しく解説しています。また，噴火による災害やその防災対策，噴火予知などについての情報も紹介しています。

内閣府「火山防災ポータルサイト」

https://www.bousai.go.jp/kazan/kazanportal/index.html

火山防災に関するポータルサイトです。火山活動の警報に関するもの，火山活動の監視または観測に関するもの，また，火山に関する教育コンテンツや知識の普及に関するページを用意してあります。

萬年一剛『最新科学が映し出す火山』 ベストブック，2020 年

マグマができてから噴火するまでの過程で火山がみせるさまざまな側面を紹介し，国や自治体による火山災害への対応と問題点についてもわかりやすく取り上げています。

萬年一剛『富士山はいつ噴火するのか？』 筑摩書房(ちくまプリマー新書)，2022 年

富士山は次にいつ噴火するのか，噴火したらどうなるのか，降灰や溶岩流が発生したらどうなるのか，最新の調査から噴火の規模や被害までをわかりやすく解説しています。

国土交通省九州地方整備局 長崎河川国道事務所「島原大変記」

http://www.qsr.mlit.go.jp/unzen/sabo/omake/taihenki.html

1792年4月に肥前国島原で発生した雲仙岳の地震およびその後の眉山の崩壊と，それを原因とする大津波が島原や対岸の肥後国を襲った災害の記録をまとめています。

阿蘇山火山防災連絡事務所ホームページ

https://www.data.jma.go.jp/svd/vois/data/fukuoka/rovdm/Asosan_rovdm/Asosan_rovdm.html

阿蘇山の成り立ちから現在の活動状況まで細かに情報発信をしているサイトです。コンテンツには「火山用語集」もあり，丁寧な文章で火山に関する用語，火山観測に関する用語，火山防災に関する用語を取り上げています。

水害と雪害

川瀬宏明『極端豪雨はなぜ毎年のように発生するのか』 化学同人，2021年

近年(2011～2020年)に発生した豪雨被害を振り返り，豪雨のしくみ，気象庁による観測網の解説，温暖化と豪雨の関係などについてわかりやすく解説しています。

高橋 裕『川と国土の危機 －水害と社会』 岩波書店(岩波新書)，2012年

主として水害に注視しながら，国土の脆弱性を示したうえで，川の流域全体の保全など長期的な構想を提示しています。

三上岳彦『都市型集中豪雨はなぜ起こる？ —台風でも前線でもない大雨の正体』 技術評論社(知りたい！サイエンス)，2008年

都市型豪雨の国内外の実際の例を取り上げて解説，豪雨が発生するしくみ，集中豪雨の発生するしくみ，東京で夏に豪雨が起きる理由，ヒートアイランドや温暖化と豪雨の関係などを解説しています。

国土交通省「川の防災情報」

https://www.river.go.jp/index

大雨などの際，雨や川の水位の状況などを，インターネットを通じてリアルタイムに配信し，避難判断等に必要な情報を入手できるウェブサイトです。国土交通省の地方支分部局のHPには過去の水害をまとめた資料や防災に役立つ知識が多く掲載されています。

防災科学技術研究所「雪おろシグナル」

https://seppyo.bosai.go.jp/snow-weight-niigata/

「雪おろシグナル」は，積雪の高さだけではわからない積雪荷重を知ることができるため，建造物の倒壊を防ぐ雪下ろしの判断に役立ちます。

土砂災害

内閣府大臣官房広報室「土砂災害から身を守る3つのポイント」

https://www.gov-online.go.jp/useful/article/201106/2.html

土砂災害についての概要と避難についてまとめたサイトです。土砂災害から命を守るために，一人ひとりが日頃から危険に対して備えておくことの重要性と最低限知っておくべきポイントを紹介しています。

釜井俊孝『宅地崩壊』 NHK出版(NHK出版新書)，2019年

戦後の宅地開発の背景と災害調査から，なぜ都市域で地滑りや土砂崩れなどの宅地災害が発生するのかを自然的側面と社会的側面から描き出しています。

気候変動

仁科淳司『やさしい気候学　第4版』 古今書院，2019年

気候学を軸に，自然環境全般を豊富な図版とともに平易な文章で解説しています。異常気象などによる気象災害や，気候変動についても取り上げています。

山川修治ほか『気候変動の事典』 朝倉書店，2018年

身近な気象現象から気候環境の変遷など，気候変動による自然環境や社会活動への影響を幅広い話題で解説しています。巻頭・巻末の付録資料も充実しています。

永田佳之『気候変動の時代を生きる』 山川出版社，2019年

気候変動のしくみを解説し，日本ではあまり知られていない諸外国の温暖化対策の現状を伝えるとともに，個人や学校・企業・政府などの組織でできる持続可能な未来へと導くアクションを提案しています。

対策など

酒井多加志『自然災害から読み解く自然災害と防災(減災)』 近代消防社，2019年

地図を読み取ることで，身近な地域の問題に気づかせ，災害時における適切な判断力を養うことを目的とした書籍です。大判で地図・写真が多く読みやすく，各章に練習問題も掲載され読図力を養うことができます。

日本建築学会伊勢湾台風災害調査特別委員会『伊勢湾台風災害調査報告』 1961年

伊勢湾台風の被害まとめは気象庁や建設省(現国土交通省)などから多くの報告書が出ています。伊勢湾台風は日本の台風防災の出発点となりました。

岩田貢・山脇正資編『防災教育のすすめ　―災害事例から学ぶ』 古今書院，2013年

高校の地理教育での防災教育を想定し，水害，台風・高潮，地震，津波，といった災害種類ごとの章立てで教材となるトピックを紹介しています。

宇根寛『地図づくりの現在形　―地球を測り，図を描く』

講談社(講談社選書メチエ)，2021年

大きく変化する地図づくりの現状を製作者の視点から解説。特に第7章「地図と防災」では，地図から自然の営みを読みとり防災力を高めるべき，との著者の持論が示されています。

遠藤宏之『地名は災害を警告する　―由来を知り わが身を守る』 技術評論社，2013年

東日本大震災による津波被害をはじめ，これまでに起きた水害や地すべりなどによる大規模な災害の例とそれらの地域の地名の意味を解説しています。巻末には60ページ以上にわたる災害地名リスト(その地名の意味，災害の種類や注意すべき点など)を収録しています。

気象庁

https://www.jma.go.jp/jma/index.html

気象警報・注意報，大雨・台風情報，キキクル（危険度分布）など，気象庁が発表している防災気象情報を閲覧することができます。気象庁や各気象台のホームページには，「カスリーン台風」「伊勢湾台風」など甚大な被害をもたらした台風の記録などが公開されています。

鈴木康弘『防災･減災につなげるハザードマップの活かし方』 岩波書店，2015年

ハザードマップとは何か，そこから何を読み取るのか，防災・減災に役立てるにはどうしたらよいかを，地理学の立場から解説した本です。「ハザードマップを信じるな」という言葉の本当の意味を教えてくれます。

国土地理院「ハザードマップポータルサイト」

https://disaportal.gsi.go.jp/

全国の市町村が作成したハザードマップを，便利に，簡単に活用できるためのポータルサイトです。災害リスク情報を確認できる「重ねるハザードマップ」と各地域の最新の情報を検索できる「わがまちハザードマップ」から構成されています。国土地理院では災害発生後に空中写真を撮影し被害状況を迅速に把握し地図情報として地理院地図で公開しています。

防災科学技術研究所「地震ハザードステーション」

https://www.j-shis.bosai.go.jp/

将来日本で発生するおそれのある地震による強い揺れを予測し，予測結果を地図として表した「全国地震動予測地図」（地震調査研究推進本部により作成）を閲覧することができます。

矢守克也・網代 剛ほか『防災ゲームで学ぶリスク･コミュニケーション ―クロスロードへの招待』 ナカニシヤ出版，2005年

防災ゲーム「クロスロード」について解説された本です。なぜ防災でゲームをする必要があるのか，クロスロードができるまでの経緯，クロスロードのカードの解説や実践例が掲載されています。

吉川肇子・杉浦淳吉 他『クロスロード･ネクスト ―続:ゲームで学ぶリスク･コミュニケーション』 ナカニシヤ出版，2009年

上記の本が出てから4年経ち，その間にクロスロードをやってみての効果や新しいバージョンなどが出ました。本書はそれらをまとめています。

矢守克也『防災人間科学』 東京大学出版会，2009年

「クロスロード」の開発に関わった著者が，リスク社会と防災，災害体験，防災学習について，さまざまな事例を取り上げながらまとめた本です。

索　引

あ

か

さ

た

な

は

ま

や・ら・わ

英字略語

著　者（50音順）

宇根 寛（うね ひろし）

1958年，東京都生まれ。1981年，大学（地理学教室）卒業後，建設省（現国土交通省）国土地理院入省。環境庁水質保全局，国土庁計画・調整局，ケニア測量局アドバイザー，国土地理院関東地方測量部長，国土交通大学校測量部長，国土地理院応用地理部長，同地理地殻活動研究センター長等を経て，2019年退職，現在はお茶の水女子大学文理融合AI・データサイエンスセンター研究協力員，日本地図センター主任研究員，中央開発技術顧問，明治大学，早稲田大学，お茶の水女子大学，青山学院大学非常勤講師。専門は地理学，地形学，地図学。著書は『地図づくりの現在形～地球を測り，図に描く～』（講談社），『地図の事典』（古今書院，共著），『防災・減災につなげるハザードマップの活かし方』（岩波書店，共著），『今こそ学ぼう地理の基本』（山川出版社，共著），『地理空間情報を活かす授業のためのGIS教材』（古今書院，共著）など。

担当：総論6，6章1～19

遠藤 宏之（えんどう ひろゆき）

1963年，徳島県生まれ。駒澤大学文学部地理学科卒業。地理空間情報ライター（地図・測量・GIS・位置情報・防災 etc.）。「GIS NEXT」副編集長。測量士として地図会社で各種の地図作成に従事した後，地理・地図や防災の普及啓発をテーマに執筆活動を始める。著書:『三陸たびガイド』（マイナビ），『地名は災害を警告する』（技術評論社），『首都大地震揺れやすさマップ』（旬報社，地図解説），『みんなが知りたい地図の疑問50』（SBクリエイティブ，共著）他。「ちずらぼ」の名前でWebメディアやSNS等を活用した情報発信も行っている。日本地図学会，日本災害情報学会会員。

担当：総論10～13・コラム，1章1～12，2章，4章

岡本 耕平（おかもと こうへい）

1955年，島根県生まれ。東洋大学社会学部講師，名古屋大学文学部助教授，名古屋大学大学院環境学研究科教授を経て，現在，愛知大学教授，名古屋大学名誉教授。専門は，行動地理学・地理学史。防災関係ではハザードマップの利用や，外国籍住民の防災に関する研究を行っている。防災関係の論文としては，「災害時における訪日外国人観光客への情報提供に関する考察」（金城学院大学論集社会科学編16巻2号，2020年，共著），「縮退時代の都市と災害リスク」（地域問題研究87号，2015年），「市民向け防災教育と地理学の責任」（地理 52巻8号，2007年）など。

担当：6章20

鈴木 康弘（すずき やすひろ）

1961年，愛知県岡崎市生まれ。東京大学大学院理学系研究科修了。名古屋大学減災連携研究センター教授。自然地理学をベースに，地震調査研究推進本部，原子力規制委員会，全国活断層帯情報整備検討委員会（国土地理院）に参加。著書に，『防災・減災につなげるハザードマップの活かし方』（岩波書店，共編著），『活断層大地震に備える』（ちくま新書，単著），『原発と活断層』（岩波科学ライブラリー，単著），『おだやかで恵み豊かな地球のために』（古今書院，共編著），『草原と都市－変わりゆくモンゴル－』（風媒社，共著），『ボスフォラスを越えて』（風媒社，単著）など。

担当：総論３・４

長谷川 直子（はせがわ なおこ）

1974年，長野県生まれ。2005年博士（理学）取得（お茶の水女子大学）。フランス政府給費留学生，吉田育英会海外派遣留学生，日本学術振興会特別研究員，滋賀県立大学環境科学部助手（助教）を経て，現在お茶の水女子大学基幹研究院（文教育学部人文科学科地理学コース）准教授。数年前から地理学のアウトリーチ（地理学を社会に広く伝える）に興味を持ち，現在日本地理学会地理学のアウトリーチ研究グループなどの活動を行っている。著書は『世界の湖沼と地球環境』（古今書院，分担執筆），『地理×女子＝新しいまちあるき』（古今書院，監修執筆），『地理女子が教えるご当地グルメの地理学』（ベレ出版，共著），『今こそ学ぼう地理の基本』（山川出版社，編著）など。

担当：総論1・２・５～9，５章9・コラム，６章21

平井 史生（ひらい ふみお）

1965年，千葉県生まれ。1990年筑波大学大学院環境科学研究科修了（学術修士）。気象予報士。日本テレビ「朝一番天気」「あさ天5」「ズームイン!!SUPER」「Oha4! NEWS LIVE」などで気象解説（1995年～2013年）。駒澤大学非常勤講師（2004年～）。神奈川大学非常勤講師（2005年～）。（一財）日本地図センター調査役・研究員（2011～2016年）。関心の高い分野は，気象災害の背景や防災情報の伝達など。主題図の表現方法に興味を持っている。著書は『よくわかる山の天気』（誠文堂新光社），『気候変動の事典』（朝倉書店，共著・編集委員）など。日本気象学会，日本地理学会，日本地図学会，日本花粉学会会員。

担当：1章コラム，３章，５章1～８・10・11

表紙・本文デザイン　株式会社 アトリエ・タビト
編集協力　株式会社 二宮書店

今こそ学ぼう 地理の基本　防災編

2023年9月20日　1版1刷　印刷
2023年9月25日　1版1刷　発行

編　者　長谷川直子・鈴木康弘
発行者　野澤武史
発行所　株式会社 山川出版社
〒101-0047　東京都千代田区内神田1-13-13
電話　03（3293）8131（営業）・8135（編集）
https://www.yamakawa.co.jp/

印刷所　半七写真印刷工業株式会社
製本所　株式会社 ブロケード

ISBN 978-4-634-59204-9